Veröffentlichungen des Seminars für Sprache und Kultur Chinas
an der Hamburgischen Universität
Nr. 2

山東音聲

Laut und Ton in Süd-Schantung

Mit Anhang: Die Töne in Nordostschantung, Peking, Sötshuän, Shanghai, Amoy und Canton

von

Theodor Bröring
aus Heede a. d. Ems
卜志一

Hamburg
Kommissionsverlag L. Friederichsen & Co.
1927

Vorliegende Arbeit wurde als Dissertation der philosophischen Fakultät der Hamburgischen Universität eingereicht

Druck von J. J. Augustin in Glückstadt und Hamburg

Meinen verehrten Lehrern den Herren Professoren

Herrn Prof. Dr. Franke (Berlin)
Herrn Prof. Dr. Forke (Hamburg)
Herrn Prof. Dr. Panconcelli-Calzia (Hamburg)
sowie dem besten Kenner der chinesischen Phonetik
Herrn Prof. Dr. B. Karlgren (Göteborg, Schweden)

in Dankbarkeit gewidmet vom Verfasser.

Zum Geleit.

Die Abhandlung Dr. Bröring's ist ein erfreulicher Beweis dafür, daß die Erforschung der modernen Sprache Chinas jetzt in vollem Ernst und mit streng wissenschaftlicher Methode von denen in Angriff genommen wird, die — nebst den Chinesen — die besten Möglichkeiten für Beobachtung und Nachprüfung besitzen: von den Missionaren. Jedermann weiß, welch große Dienste die katholischen Missionare seit Jahrhunderten der Wissenschaft geleistet haben. Nunmehr treten die protestantischen Missionare in würdiger Weise an deren Seite. Mögen neue Arbeiter im Felde bald das ihrige tun!

Bernhard Karlgren.

Vorwort.

Die vorliegende Arbeit wurde gedruckt auf Kosten des Chinesischen Seminars der Universität Hamburg. Jenen Herren, die sich um die dafür benötigten Gelder bemüht haben, besonders Herrn Prof. Dr. Forke, sei hierfür herzlich gedankt.

Ich möchte durch diese Arbeit meine verehrten Kollegen in China anregen, die von ihnen benutzten Dialekte wissenschaftlich zu untersuchen und darzustellen. Mir scheint, nur durch solche Monographien werden wir allmählich dazu gelangen, den Lautbestand der Dialekte Chinas klar zu überblicken. Wer jahrelang an Ort und Stelle weilt, ist am besten befähigt, seinen jeweiligen Dialekt genau zu beschreiben, vorausgesetzt, daß er über eine gewisse phonetische Schulung verfügt. Es sei an dieser Stelle noch besonders auf die Arbeit von P. Mullie über das Nordpekinesische hingewiesen.

Zum Schlusse spreche ich noch der Druckerei J. J. Augustin in Glückstadt, die nun bald auf eine 300jährige Erfahrung zurückblickt, für das bereitwillige Eingehen auf alle meine Wünsche und für die überaus sorgfältige Ausführung der Arbeit meinen wärmsten Dank aus.

St. Gabriel (Post Mödling bei Wien), 21. Februar 1927.

Theodor Bröring
S. V. D.

Einleitung.

An Monographien chinesischer Dialekte haben wir keinen Überfluß. Abgesehen von den wertvollen Arbeiten Karlgrens (Phonologie chinoise und Mandarin Phonetic Reader) und des P. Mullie über den nordpekinesischen Dialekt, findet sich wenig Brauchbares und Zuverlässiges vor. Die Vorbemerkungen und Erläuterungen in den einzelnen Grammatiken und Wörterbüchern sind vielfach recht vag und unklar, können kaum als Monographien angesprochen werden. Wo ich sie jedoch passend zum Vergleiche heranziehen konnte, ist es geschehen. Sehr wertvolle Bemerkungen, die geeignet sind, Licht zu verbreiten über die ganz anormale Aussprache mancher Silben in Tsao-dzhou-fu, fand ich in der Arbeit Prof. Forkes, betitelt: A comparative study of Northern Chinese dialects (China Review 1895). Auch Mateers Lauttafel in seinen Mandarin Lessons leistete mir gute Dienste.

Vorliegende Arbeit soll ein bescheidener Versuch sein, zur genaueren Kenntnis der chinesischen Dialekte beizutragen. Sie befaßt sich mit der Provinz Schantung, jedoch nur mit einem kleinen Teile derselben, nämlich den südlichen Bezirken Yän-dzhou-fu, Yi-dzhou-fu und Tsao-dzhou-fu, wozu noch das „*dzhou*" Tsining kommt. Letzteres gehört aber sprachlich zu Yän-dzhou-fu. Infolge längeren Aufenthaltes sind die genannten Bezirke dem Verfasser wohlbekannt. Es ist die Heimat der großen Weisen Confucius und Mencius, ein Gebiet uralter Kultur.

Von obigen Bezirken hat jeder seine besonderen Eigentümlichkeiten. Yi-dzhou-fu hat, wie der ganze gebirgige Osten von Schantung, die älteren Anlaute vielfach bewahrt. Diese Tatsache findet in der Abgeschlossenheit der Gebirgswelt leicht ihre Erklärung. Eine Ausnahme bildet die Stadt Yi-dzhou-fu und deren nähere Umgebung. Sie liegt schon in der Ebene an einer Heerstraße und war daher den Einflüssen des Verkehrs mehr ausgesetzt. Ihre Aussprache ist deshalb vorzuziehen, weil dieselbe die Fehler des Ostens sowohl wie des Westens glücklich vermeidet. Von dieser Aussprache deshalb ausgehend, werde ich dann die Abweichungen von Yändzhoufu, Tsaodzhoufu und Landgebiet Yidzhoufu näher angeben.

A. Die Laute.

1. Primäre Laute.

Wenn wir den chinesischen Literaten bitten, uns die Aussprache eines Schriftzeichens zu geben, z. B. des Zeichens für hai (Kind), so sagt er, wenn er aus Schantung gebürtig ist, klar und deutlich: *hä*. Braucht er etwa unmittelbar darauf dieselbe Silbe in einer Redewendung wie „das kleine Kind da", so sagt er *häöl* statt *hä*. Er hat das Diminutivum *öl* angehängt und so einen Diphthong erzielt, den er nie ausspricht, wenn er die Klassiker liest. Diesen Diphthong *äö* nenne ich einen sekundären Laut, im Gegensatz zu den primären Lauten, die uns der Literat gibt, wenn er uns die Klassiker vorliest oder uns dies oder jenes Zeichen vorspricht. Mit diesen primären Lauten haben wir uns zunächst zu beschäftigen.

Bevor wir dazu übergehen, die einzelnen Laute genauer zu beschreiben, wollen wir einige wenige diakritische Zeichen, die wir nicht glauben entbehren zu können, kurz erklären.

1. Diakritische Zeichen bei Vokalen:
   a) ein Punkt unter einem Vokal bezeichnet geschlossenen Vokal wie *ị* in *Bịbel;*
   b) ein Strich unter einem Vokal bezeichnet offenen Vokal wie *i̱* in *Bi̱ld;*
   c) ein Bogen unter einem Vokal bezeichnet flüchtigen Vokal wie *u* in *Hau̯s*, *i* in *Lai̯b*.

2. Diakritische Zeichen bei Konsonanten:
   a) ein Punkt über *n* *(ṅ)* bezeichnet den Nasal in Anker;
   b) ein Punkt unter *l* *(ḷ)* bezeichnet zerebrales *l*.
   c) ein Punkt unter *r* *(ṛ)* bezeichnet velares *r*.

Übersicht über die primären Laute.

Vokale:

ạ	*ọ*	*ụ*	*ẹ*	*ị*
a̱	*o̱*	*u̱*	*e̱*	*i̱*
ä̱	*ö̱*	*ü̱*		
ạ̈		*ụ̈*		

Diphthonge und Triphthonge:

ao̯	*oa̯*	*ou̯*		*ei̯*	: fallend
u̯ạ		*u̯ị*	*u̯ạ̈*	*u̯ẹi̯*	: *u*-Reihe (steigend)
u̯a̱	*u̯o̱a̯*	*u̯i̱*	*u̯ä̱*		
i̯ạ		*i̯ụ*	*i̯ạ̈*		: *i*-Reihe (steigend)
i̯a̱	*i̯o̱a̯*	*i̯u̱*	*i̯ä̱*	*i̯ao̯*	
	ü̯o̱a̯	*ü̯i̱*	*ü̯ä̱*		: *ü*-Reihe (steigend)

Konsonanten:

b	*d*	*g*	*h*	*l*	*m*	*n*	*s*	*ſ*	*w*	*y*
p	*t*	*k*				*ṅgh*	*s͡h*			*h͡y*
	dz						*z͡h*			*dy*
	ts									*th͡y*
	dz͡h									
	ts͡h									

Erklärung der primären Laute.

1. Die Vokale.

ạ wie *a* in Gabe, *mạ* Hanf.

a̱ wie *a* in Gast, *ma̱ng* beschäftigt.

ọ wie *o* in Bote, *gọ* genügen (vierter Ton).

o̱ wie *o* in Bottich, *go̱* Bruder.

ụ wie *u* in Grube, *lụ* Weg.

u̱ wie *u* in Gruft, *lu̱ng* taub.

ẹ wie *e* in Leben *bẹ* doppelt (vierter Ton).

e̱ wie *e* in Mensch, *me̱n* Tür.

ị wie *i* in Bibel, *bị* vergleichen.

i̱ wie *i* in Bild, *bi̱ng* Krankheit.

ạ̈ wie *ä* in Väter, *hạ̈* Schaden

ä̱ wie *a* in engl. cat. Dieser Laut liegt zwischen *a* in Vater und *ä* in Väter. Ich nenne es offenes *ä* und bezeichne im Gegensatz dazu *ä* in Väter als geschlossenes *ä*. Es kommt sowohl in offener als in (durch *n)* geschlossener Silbe vor: *shä* verzeihen (Peking: *shöä* und *shoa)*, *shän* Berg.

ö̱ wie in Götter, Kötter. Kommt lang und kurz vor: *shö* Sache (langer Vokal), *shö* Stein (kurzer Vokal). Mir scheint, durch offenes deutsches *ö* wird dieser Laut am besten wiedergegeben.

ụ̈ wie in Rübe. *lü* Esel.

ü̱ wie in rüstig. Als primärer Laut nur im Osten: *dzhü̱* Herr (statt *dzhụ*, nur nach *dzh)*.

2. Diphthonge und Triphthonge.

a) Fallende Diphthonge.

a͡o̜ entspricht etwa unserm *au* in *Laut*. Genau genommen sind die beiden Komponenten ein kurzes offenes *a* und ein geschlossenes *o* oder offenes *u*. Nur in offener Silbe. *lao* alt.

o̜a̯ offenes *o* mit kurzem *a*. So besonders im Osten. In einem Dorfnamen (*Pali-poa-li* = „im Felde") ist *oa* sogar zu kurzem *a* geworden. Im Westen mehr geschlossenes *o* mit kurzem offenen *o*. (Man vergleiche die beiden Vokale in „so oft" und betone das „so"). Der Diphthong entspricht etwa dem *oa* in süddeutschen Dialekten: moanst = meinst du? Nur in offener Silbe. *doa* viel; *tsoa* Fehler.

ọu̯ geschlossenes *o*, übergehend in geschlossenes *u*. Bei Wörtern vierten Tones, die in Schantung langen gedehnten Vokal haben, nur geschlossenes *ọ*. Ein Übergehen in *u* würde die Dehnung abbrechen, hindern. Nur in offener Silbe. *dzou* gehen; *tou* stehlen.

ẹi̯ geschlossenes *e*, in *i* übergehend. Bei alleinstehenden Wörtern vierten Tones nur gedehntes *ę*, aus demselben Grunde wie bei *o*. Nur in offener Silbe: *bei* weiss, *nei* innerhalb. Steht in Wörtern mit früherem *zhu shöng* für *ai* und *oa* in Peking; *bei* statt *bai* weiss, *shei* statt *soa* Farbe. Statt *dei* (Tugend) hat Wieger (Hokienfu) *teue* = *döä*; *ai* kommt als Diphthong in Schantung nicht vor. In Peking lautet es wie *ai* in *Kaiser*; in Hokienfu lautet es wie *ai* in *fait* (nach Couvreur), also *ạ̈*.

b) Steigende Diphthonge und Triphthonge.

Die *u*-Reihe: Ein flüchtig gesprochener *u*-Vokal (kein Halbvokal, kein bilabiales w) geht vorauf.

u̯ạ kurzes offenes *u*, gefolgt von geschlossenem *a*. Beispiel: *hua* Blume, *gua* wehen.

u̯a̱ kurzes offenes *u* mit offenem *a*. *guang* Licht.

u̯o̱a̯ kurzes offenes *u*, offenes *o*, Nachschlag von *a*. Nur in offener Silbe. *guoa* Frucht. Im Westen handelt es sich mehr um ein geschlossenes *o*, gefolgt von offenem *o*: *guoo*. Man neigt auch in Schantung-Süd dazu, den Gleitvokal *u* zu elidieren. Mein Literat sprach allerdings stets deutlich den *u*-Vorschlag.

u̯i̱ Gleitvokal *u* mit offenem *i*. Nur in (durch n) geschlossener Silbe. *huin* Seele, *dzhuin* genehmigen.

u̯ị sehr häufig als Kontraktion für das folgende *uei*. Tsao-dzhou-fu bevorzugt aber *uei*. *dui* richtig, *gui* kostbar. Im Osten auch wohl statt des allgemeineren *ei; da lui* es donnert; meist: *da lei*.

u̯ẹi̯ Gleitvokal *u*, geschlossenes *e*, ausklingend in *i*. Bei Wörtern vierten Tones wieder *ue*. In Yändzhoufu und Yidzhoufu meist *ui; duei* richtig, *guei* kostbar. Hier und da wird *u* elidiert. Man hört im Osten manchmal *tei* Bein, statt *tui* (Nur nach *t* und *l*.)

u̯ä̱ Gleitvokal *u* mit offenem (englischem) *ä*. Nur in (durch n) geschlossener Silbe. *guän* Mandarin, *luän* Unruhen.

u̯ạ̈ Gleitvokal *u* mit geschlossenem (deutschem) *ä*. Statt Pekinger *uai*. Nur in offener Silbe. *huä* verderben.

D i e *i* - R e i h e: Ein flüchtiger Gleitvokal *i̯* (offenes i) geht vorauf (kein Halbvokal, kein y, auch nicht kurzes *ẹ*).

i̯ạ Gleitvokal *i* mit geschlossenem *a: lia* zwei, *tyia* pflücken.

i̯a̱ Gleitvokal *i* mit offenem *a: tsiang* Gewehr, *niang* Mutter (kein palatalisiertes n).

i̯o̱a̯ Gleitvokal *i*, offenes *o*, Nachschlag von kurzem *a: lioa* ein wenig, *sioa* abschaben. Wieger hat *liao*. Mateer registriert für Peking *ioa* und *üoa*. Auch in Schantung (Süd) werden die Finalen *ioa* und *üoa* meist promiscue gebraucht. In Yändzhoufu hörte ich wieder meist *i̯ọo̱* (i, geschlossenes *ọ*, offenes *o̱*. Vgl. *oa* und *uoa)*.

i̯ụ Gleitvokal *i* mit geschlossenem *u: liu* sechs, *diu* verlieren. In der Provinz Dzhöli häufig die Variante *iou*. Nur in offener Silbe.

i̯u̱ Gleitvokal *i* mit offenem *u*. Nur in (durch ng) geschlossener Silbe. *tyiung* arm, *hyiung* älterer Bruder. Im Osten oft statt ung: *liung* (statt *lung)* Drache.

i̯a͡o Gleitvokal *i* mit Diphthong *ao: siao* klein, *miao* Tempel. Nur in offener Silbe.

i̯ä̱ Gleitvokal *i* mit offenem (englischem) *ä*. In offener und geschlossener Silbe: *siä* schreiben, *siän* früher. In Yändzhoufu hört man häufig auch *iä* statt *üoa: hyiä* oder *hyüoa* Blut. Wo aber Peking meist *liau* hat, dort in Südsch. nur *lioa*, z. B. *lioa* ein wenig. Peking hat *ie̱n* statt *iä̱n: sien* früher.

i̯ạ̈ Gleitvokal *i* mit geschlossenem (deutschem) *ä: hyiạ̈* Schuhe; nur in offener Silbe. In Mateer's Lauttafel für Peking fehlt dieser Laut. Wade hat *ch'iai (= tyiai*, als Triphthong ? ?).

Die *ü*-Reihe: Ein kurzes offenes *ü* als Gleitvokal geht vorauf.

ü̂o̱a̱ flüchtiges *u*, offenes *o*, Nachschlag von *a*. Im Westen folgt auf Gleitvokal *ü* meist geschlossenes *o* mit flüchtigem offenen *o*: *üọo̱*. Vgl. *oa*, *uoa*, *ioa*. Nur in offener Silbe. *üoa* und *ioa* werden promiscue gebraucht; *hyüoa* Stiefel; *tyüoa* Defizit. In Yändzhou-fu und Dzining statt *uoa* auch wohl *iä: hyüoa* und *hyiä*.

ü̂i̱ Gleitvokal *ü* mit offenem *i*. Nur in (durch n) geschlossener Silbe. *dyüin* Fürst, *tyüin* Herde. Mateer's Lauttafel hat *üin* für Döng-dzhou-fu und Wei-hien, für Peking *ün*. Auch Wade hat *ün*. Er erklärt aber: „It is inflected as if an i, very faint and rapidly pronounced, intervened between *ü* and *n*.“ Mateer sagt: „Final ün represents a sound which is practically the same in Peking that it is in other Mandarin dialects. If spelled üin it would avoid an apparent discrepancy between Pekingese and other dialects, where none exists in fact.“ Das scheint mir auch. Zudem halte ich dafür, daß Diphthonge auch als Diphthonge geschrieben werden müssen. Sonst führt die Schreibweise den Anfänger irre. Mateer registriert *üin* auch noch für Nanking, ebenso Prof. Forke (Comparative study etc.).

ü̂ä̱ Gleitvokal *ü* mit offenem *ä*. Nur in (durch n) geschlossener Silbe. *tyüän* Macht. *dyüän* Kapitel (eines Buches). Wade meint, daß in Peking einige Töne *üe̱n* (offenes *e*), andere *üan* (= *üä̱n*) hätten. Mateer hat *üan (üän)*, wünscht es aber durch *uen* (= *üen*) ersetzt zu sehen.

3. Die Konsonanten.

a) Die Gruppe *b*, *d*, *g*, *dy*, *dz*, *dzh* und ihre Aspiraten.

Was den phonetischen Wert der Konsonanten b, d usw. anbelangt, so waren sich die Autoren darüber lange nicht im klaren. Auf Engländer und Franzosen machten diese Laute meist den Eindruck von tenues, oder doch von solchen Lauten, die den tenues näher ständen als den mediae, und sie schrieben deshalb *p*, *t*, *k*. Gewöhnlich machen die Autoren aber doch darauf aufmerksam, daß diese Schreibung nicht ganz korrekt sei. Wieger mahnt „beaucoup plus doux qu'en français". Mateer sagt: „Seeing that neither *j* (er meint dzh), *g*, *b*, *d* and *ds*, nor *ch* (= *tsh)*, *k*, *p*, *t* and *ts*, perfectly represent the true sounds, it is a question whether in Mandarin it would not be better to write the unaspirated sounds with the former letters and simplify the system of spelling by abolishing that awkward'. It is as easy to vary from *j*, *b*, *d*, and *ds*, as it is to vary from *ch*, *k*, *p*, *t*, and *ts*." Mateer gab damit die Meinung der meisten englischen Missionare wieder, entsprechend welcher man denn auch schon vor Jahren in der sogenannten „Standard Mandarin Romanization" das „ekelhafte '" (den Apostroph nach *t* usw.) abschaffte und *g*, *b*, *d*, leider auch *j* schrieb. Da *j* im Deutschen, Englischen und Französischen verschiedenen Wert hat, hätte man offenbar besser *dzh* genommen. *b* und *d* wurden übrigens schon in den 70er Jahren von den italienischen Missionaren Schantungs in ihrer sogenannten Ku-dying-Schrift verwendet. Wenn nun schon Franzosen und Engländer, die *p* und *t* viel weicher sprechen als wir Deutsche, *b*, *d* etc. vorziehen, so sollten wir Deutsche erst recht schon diese Umschrift anwenden. Es kommt hinzu, daß die Schreibung *b*, *d* usw. wissenschaftlich auch durchaus berechtigt ist. Nach meinen experimentalphonetischen Aufnahmen (vgl. Seite 45) sind diese Laute stimmhaft, wenn auch sehr schwach. Ich habe diese Beobachtung sowohl bei einer Versuchsperson aus Peking als bei einer solchen aus Nordschantung gemacht. Auf meine norddeutschen Ohren haben sie auch in Südschantung stets einen stimmhaften Eindruck gemacht. Im Anfange haben leider die deutschen Autoren die Schreibung *p*, *k*, *t* kritiklos von Wade übernommen. Neuerdings wenden auch deutsche Sinologen, z. B. Wilhelm, die Schreibung b, d usw. an. Auch die Grammatik von Lessing und Othmer verwendet sie erfreulicherweise, nachdem sie bereits früher, wenigstens in der zweiten Auflage, in P. Hessers Grammatik angewandt worden war.

Nach den gemachten Vorbemerkungen können wir den Lautwert obiger Laute kennzeichnen wie folgt:

b wie norddeutsches *b* in Buch, baden (cf. S. 45).

p der entsprechende gehauchte Laut, wie *pph* in Klapphut.

d wie norddeutsches *d* in du, Dach.

t der entsprechende gehauchte Laut, wie *tth* in statthaft.

g etwa wie *k* in Koch, Kuchen.

k die entsprechende Aspirata, wie *kh* in krankhaft.

dy wie *dj* in Adjunkt. Die Palatale *d'*. Sie hat die Palatale *g'* *(gy)* in einem großen Teile des Nordens bereits verdrängt und die Entwicklung deutet auf weitere Verdrängung derselben hin. Die englische Schreibung ch ist ganz irreführend, besonders wenn sie noch von Deutschen durch *tsch* ersetzt wird. *dyu*, besser: *dyi̯u̯* neun.

th͡y die Aspirata zu obigem Laut. Da *t* schon aspiriert ist, können wir das *h* eigentlich weglassen. Wir schreiben daher einfacher *ty: tyi̯u̯* bitten.

dz etwa wie *ds* in Landsaum. *dz* ist meines Erachtens der Schreibung *dṡ* vorzuziehen, da es den großen Unterschied dieses Lautes von der Aspirata *ts* schärfer hervortreten läßt: *dzǫu̯* gehen.

ts die Aspirata zum vorigen Laut. Wie *zh* in herzhaft. *tsao* Gras, *tsi* sieben. Im Westen von Südschantung wie auch in Peking ist *ts* vor *i* und *ü* verdrängt durch *ty* *(= thy)*.

dz͡h etwa wie *dsch* in Dschunke, doch ohne Vorstülpung der Lippen. Nie vor *i* und *ụ: dz͡hu* Herr. (Im Osten jedoch wohl vor *ṳ: dzhṳ* Herr.)

ts͡h wie tschh in klatschhaft. Nie vor *i* oder *ü: tsha* Tee. Wird im Osten etwas breiter gesprochen als im Westen.

b) die übrigen Konsonanten.

ḥ wie *ch* in ach, Dach: *ḥǫ* trinken.

h͡y wie *ch* in ich, dich: *h͡yi̯* Freude. *hy* ist der dem weichen *y* entsprechende scharfe Reibelaut. In Verbindung mit *t* entsteht die aspirierte Palatale *th͡y*.

l wie *l* in Laut: *lụ* Weg.

ḷ zerebrales *l*. Etwa wie *l* in Ulk. Nur in der Silbe *öḷ*.

m wie *m* in Mond, *mạ* Hanf.

n wie *n* in Nacht, *nụ* Zorn. Im Auslaut neigt *n* zur Nasalierung, wie im Französischen. Es ist das eine besonders vor Gutturalen und Labialen häufige Assimilationserscheinung. Die Nasalierung aber als Norm aufzustellen, wäre wohl verfrüht. *ḥe̱n* sehr, *ḥẽ ḥao* sehr gut, aber *he̱n dụị* ganz recht.

ng (ṅ) deutscher Nasal in Anker (Ang-ker). Es besteht in Südschantung die Neigung, den deutschen Nasal nach a durch den französischen zu ersetzen: *fa̱ng* Haus.

ṅg͡h obiger Laut mit folgendem weichen *g* (wie man es in Norddeutschland vielfach im Anlaut hört); ich bezeichne mit *g͡h* den stimmhaften Laut, der dem stimmlosen ach-Laut entspricht; wie *ng* in Angola: *ṅgho̱* hungrig. Nach Forke in Peking *g* (= gh); so auch in Sö̱-tshuä̱n, nach dem Wörterbuch der franz. Missionare.

s scharfes *s* wie in lies: *sung* senden. In Yändzhoufu wird *s* vor *i* und *ü* zu *h͡y*. Eine Gegend des Gebietes Tsaodzhoufu verwechselt beide Laute: *hyi hyi* waschen, *si huän* sich freuen. Dies wird von den Nachbarn als Anormalität empfunden und bespöttelt. In Yidzhoufu reines *s*, auch vor *i*.

f wie im Deutschen: *fang* Haus.

w wie im Englischen, bilabial: *wang* König.

y wie deutsches *j* in Jahr. Stimmhafter Reibelaut. Der entsprechende stimmlose Laut ist *h͡y*.

s͡h wie deutsches *sch*, doch ohne Vorstülpung der Lippen. Ich schreibe *sh* statt *š*, obwohl e i n Laut gemeint ist; denn die Schreibung *sh* ist allen Ostasiaten vertraut.

z͡h stimmhaftes *sch*, wie *j* in Journal, doch ohne Vorstülpung der Lippen.

Die vierhundert Laute.

Nach der vorhergehenden Erklärung der primären Laute geben wir nun das Lautbild der Stadt Yi-dzhou-fu und näheren Umgebung, gleichzeitig die Abweichungen angebend von Yändzhoufu und Tsaodzhoufu sowie von dem zu Yidzhoufu gehörigen Landbezirk. Wo es zweckmäßig erscheint, werden auch die Dialekte anderer Provinzen zum Vergleiche herangezogen, namentlich dann, wenn sie geeignet sind, die sprachlichen Eigentümlichkeiten des Südschantunggebietes zu illustrieren. Was die Anordnung der Silben betrifft, so gebe ich jene mit anlautenden Konsonanten zuerst. In Südschantung lauten alle Silben mit Konsonanten an, mit Ausnahme von *öḷ;* letztere Silbe leitet uns dann passend hinüber zu den sekundären Lauten. Konsonantische Anlaute, die dieselbe Silbenzahl aufweisen, habe ich zu Gruppen zusammengestellt.

Die Gruppe *b*, *p*, *m*.

bạ	*ba̲ng*	*bụ*	*be̲n*	*bị*	*bịn*	*bi̲ng*
把	帮	布	本	敝	殯	病
Handhabe	helfen	Tuch	Buch	gering	begraben	Krankheit

bä̲n	*bö̲ng*
半	迸
halb	hüpfen

bao	*bo̲a̭*	*-be̲i̭*	*bä̭* (Peking *bai*)
寶	玻	碑	拜
Kostbarkeit	Glas	Grabmonument	verehren

bi̭ao	*bi̭ä̲*	*bi̭ä̲n*
表	別	邊
Uhr	anderer	Seite

Konsonant *p*, stark aspiriert, hat noch eine Silbe mehr, nämlich *pọu̯*, nur durch ein einziges Schriftzeichen vertreten (Bedeutung: spalten 剖).

Der gebirgige Osten zieht noch das ältere *pung* dem moderneren *pöng* vor. Südschantung läßt dem *i* vor *ng* gewöhnlich noch ein velares *r* folgen. Wird durch Diminutivum *öḷ* zum Zungen-*r*. Klingt fast wie *bịöng*, *pịöng* oder *bịeng*, *pịeng; mịu* fehlt, desgleichen Pekinger *mou*. Bei Wörtern ursprünglich 5. Tones wird *mei* in Peking ersetzt durch *moa;* ben hat offenes *e*, nicht *ö̲;* also nicht *bö̲n* wie in Peking.

Die Gruppe *d, t*.

dạ	*dạng*	*dụ*	*dụng*	*dị*	*dịng*
打	當	毒	東	地	定
schlagen	müssen	Gift	Osten	Erde	bestimmen

dä̱n	*dö̱ng*
蛋	燈
Ei	Lampe

da͡o	*do̱a̯*	*dọu̯*	*dẹi̯*	*dạ̈ (dai)*
道	多	豆	德	待
Weg	viel	Bohnen	Tugend	warten

du̯ị	*du̯i̱n*	*du̯ẹi*	*du̯ä̱n*
對	頓	對	短
richtig	Portion	richtig	kurz

di̯ụ	*di̯a͡o*	*di̯ä̱*	*di̯ä̱n*
丢	吊	疊	點
verlieren	Ligatur	falten	anzünden

ding hat wieder velares *r* vor *ng*.

duei, statt *dui*, in Tsaofu bevorzugt.

Die Aspirata *tuei* elidiert bei einigen Zeichen das *u;* jedoch nur Ldbz. Yidzhoufu: *tei* Bein.

Die Aspirata *tiu* fehlt.

Die Aussprache ist sonst in allen Bezirken gleich. *dui* fehlt (nach Mateer's Lauttafel) in Döng-dzhou-fu (Nordschantung); dafür *dei* (nach Elision des *u* in *duei*). Statt *dei* (Tugend etc.) das auch in Peking bevorzugte *tê (= dọ̈ä̱)*. Letzteres fehlt wieder in *Wei-hiän* wie auch in Südschantung. Ki͡ukiang hat nach Mateer sogar *tâh (t* hat wohl auch dort den Wert des norddeutschen *d; h* bezeichnet den *zhu-shöng;* was der Zirkumflex angeben will, ist nicht ersichtlich). Bei diesen Schwankungen in der Aussprache handelt es sich gewöhnlich um Wörter, die ursprünglich den fünften Ton *(zhu-shöng)* hatten.

dz und die Aspirata *ts*.

dzạ	*dza̱ng*	*dzụ*	*dzu̱ng*	*dze̱n*
雜	塟	祖	總	怎
gemischt	begraben	Ahn	durchaus	wie?

dzị	*dzịn*	*dzịng*
集	進	淨
Markt	hineingehen	rein

dzän	*dzö̱*	*dzö̱ng*	*dzụ̈*
讚	字	增	足
loben	Schriftzeichen	vermehren	genügen

dza͡o	*dzo̭a̭*	*dzo̭ṷ*	*dzḙị*	*dzạ̈ (dzai)*
早	走	昨	賊	宰
früh	gestern	gehen	Dieb	Minister

dzṷị	*dzṷin*	*dzṷei*	*dzṷän*
罪	尊	罪	鑽
Vergehen	ehrwürdig	Vergehen	Zwickbohrer

dzi̭ang	*dzi̭o̭a*	*dzi̭ṷ*	*dzi̭ung*	*dzi̭ä*	*dzi̭än*	*dzi̭a͡o*
匠	爵	酒	踪	借	賤	椒
Handwerker	Becher	Wein	Spur	leihen	gering	Pfeffer

dzṷ̈o̭a̭	*dzṷ̈in*
絕	俊
aufhören, verzichten	graziös

dza steht auch für *dzang* in „*ngha-dza*“ schmutzig.

dzen nur vertreten durch ein Schriftzeichen; Bedeutung: wie; *tsen* fehlt.

dzi dzin dzing im Westen ersetzt durch *dyi dyin dying.*

In *dzing (dying)* wieder überall velares *r* vor *ng.*

Im Osten statt *dzụ̈* noch häufig das ältere *dzi̭ü*, fast *dz͡yü*, Übergang zu *dyü* von Yändzhoufu.

dzei nur durch ein Zeichen vertreten; Bedeutung: Dieb. In Döngdzhoufu vertritt *dzei* die Form *dzuei (dzui).* Wie aber *dzei* Dieb dort lautet, ist bei Mateer nicht ersichtlich; vermutlich *dzöä* oder *dzoa.*

dziang usw. in Yändzhoufu wieder *dyiang* etc. In *dyiang dyia dyiu* usw. ist aber das *i* so flüchtig, daß man ebenso gut *dya, dyang* usw. schreiben könnte. Bei den Aspiraten ist es aber deutlich hörbar.

Statt *dziung* im Westen *dzung; tsei* fehlt.

dzüin durch wenige Zeichen vertreten; *tsüin* fehlt. Mateer's Lauttafel verzeichnet *dzüin* auch für Nanking.

dy und die Aspirata *ty (thy)*.

Diese beiden Anlaute ersetzen in Yidzhoufu nur die älteren Palatale *gy* und *ky (g', k')*. In Yändzhoufu und Tsaodzhoufu ersetzen sie auch *dz* und *ts;* dort wie hier jedoch nur vor *i* und *ü*.

dyi	*dyin*	*dying*	*dyü*	*dyia*	*dyiang*
已	近	經	懼	家	江
selbst	nahe	Kanon	fürchten	Haus	Strom
dyioa	*dyiu*	*dyiung*	*dyiao*	*dyiä*	*dyiän*
角	舊	迥	叫	結	見
Horn	alt	fern	rufen	knüpfen	sehen
dyiä	*dyüoa*	*dyüin*	*dyüän*		
街	決	君	卷		
Straße	entscheiden	Fürst	Kapitel		

Die Aspirata hat dieselbe Silbenzahl.

dyioa und *dyüoa* werden promiscue gebraucht.

Hokienfu hat nach Wieger *dyioa* durch *dyiao* ersetzt, oder genauer gesagt, *k'ioa* durch *k'iao*, denn in Hokienfu finden sich noch die alten Anlaute.

Döngdzhoufu und Weihiän in Nordschantung haben noch die alten Anlaute *g'* und *k'* vor *i* und *ü*.

Die Schriftzeichen, welche in Südschantung durch die verschiedene Ausspracheformen *dyiä* und *dyiä* gekennzeichnet sind, werden in Peking und auch in Hokienfu gleich ausgesprochen, d. h. der Finale nach: *dyie* resp. *gie*. Die englische Schreibweise *ch* und *ch'* ist ganz irreführend. Sie suggeriert einen *tsch*-Laut vor *i* und *ü*, der auch in Peking nicht existiert. Die Engländer wußten anscheinend nicht, wie sie diese Palatale wiedergeben sollten. Othmer-Lessing geben sie sehr gut wieder durch *dj* und *tj*. Leider begehen sie dann aber die Inkonsequenz, für den weichen *sch*-Laut *j* einzusetzen. Solche Inkonsequenzen sollte eine gute Umschrift vor allem im Interesse der Lernenden vermeiden. Je konsequenter eine Umschrift ist, um so leichter ist sie zu erlernen und zu behalten.

Die Gruppe *dzh, tsh, sh.*

Diese Anlaute stehen nie vor *i* und *ü*. Die Silbenzahl ist fast gleich; *shung* fehlt. Der Unterschied von *dz*, *ts* und *s* ist im Osten etwas größer als im Westen.

dzhạ	*dzhạng*	*dzhụ*	*dzhụng*	*dzhẹn*
扎	長	主	衆	眞
stechen	wachsen	Herr	Menge	wahr
dzhä̱	*dzhä̱n*	*dzhö̱*	*dzhö̱ng*	
這	站	至	正	
dieser	stehen	ankommen	gerade	
dzhao	*dzhọa*	*dzhọu*	*dzhẹi*	*dzhạ̈*
找	卓	州	窄	齋
suchen	Tisch	Distrikt	enge	fasten
dzhụa	*dzhụang*	*dzhụi*	*dzhụin*	*dzhụẹi*
抓	庄	追	准	追
packen	Dorf	verfolgen	erlauben	verfolgen
dzhuä̱n	*dzhụạ̈*			
磚	拽			
Ziegel	zerren			

Yidzhoufu-Land verwendet *ụ̈* als primären Laut in *dzhụ̈* (Herr). Nach Mateer's Lauttafel kommt das auch in Weihiän und Döngdzhoufu regelmäßig vor, und zwar auch bei den Aspirata und bei *sh*. Doch handelt es sich stets nur um offenes *ụ̈*, nie um geschlossenes *ü̱*.

Die Aspirata *tshọa* (stempeln) kommt auch in der Variante *tshụọa* vor.

Statt *dzhẹi* spricht Peking *dzhai*, statt *dzhä̱: dzhö̱ä̱ (dzhọa)*.

tshua fehlt, desgleichen *shung*. *Shuoa* statt *shoa*.

shẹi Farbe; Peking *shö̱ä̱*, *sọa* und *shai*.

Die Leute von Tsaodzhoufu können *sh* vor *u* nicht sprechen. Statt *shu, shua, shuang, shuoa, shuei, shuin, shuän* sagen sie *fụ*, *fạ*, *fạng*, *fọa*, *fẹi*, *fẹn*, *fän*, *foa huạ* sprechen; *họ fẹi* Wasser trinken, *fạ' fạ* ausspülen. Die Silbe *fẹi* der *guän hua* wird ersetzt durch *fị*. Prof. Forke hat obigen Lautwandel auch in *Shänsi* festgestellt. Mateer registriert für Döngdzhoufu: *swa swai swan swang swei*. Die Leute von Yändzhoufu und Yidzhoufu finden es natürlich drollig, wenn die Tsaodzhouer statt *sha shumu* (Bäume fällen) *sha fu mu* (die Eltern töten) sagen. Ein großer Teil des Ostens, Yidzhoufu (Stadt und Land) ausgenommen, ersetzt *sh* einfach durch *s*.

In Dzining wird *sh* im Inlaut (bei Wortkomplexen) manchmal zu *ch* in ach: *dyịä' hạng* statt *dyịä' shạng* (auf der Straße).

Vereinzelt im Osten *shẹi* statt *shụẹi* wer?

Die Gruppe *g, k, h.*

gạ 戛 Lanze	*gang* 鋼 Stahl	*go̤* 哥 Bruder	*gụ* 古 alt	*gung* 功 Verdienst	*gẹn* 跟 mit
gän 敢 wagen	*göng* 更 mehr	*gao* 高 hoch	*gou* 狗 Hund	*gẹị* 給 geben	*gä* 該 müssen
gua 颳 wehen	*guang* 光 Licht	*guoa* 過 vorübergehen	*gui* 貴 kostbar	*guin* 棍 Stab	*guei* 貴 kostbar
guän 官 Mandar.	*guä* 乖 seltsam				

Die Formen *gia, giu* usw. sind in allen Bezirken von Südschantung durch *dyia, dyiu* usw. ersetzt worden (nicht aber *dzi* usw., wie wir vorhin gesehen haben). Döngdzhoufu und Weihiän haben noch die alten *k*-Palatale; dagegen hat Döngdzhoufu die *ts*-Laute durch *dy* (Mateer schreibt natürlich *ch)* ersetzt; für Weihiän hat Mateer die Formen *tsh* und *tsh'* angegeben *(dzin* dort = *tshin).* Mateer sagt, dies *tsh* sei kein *ch* und auch kein *ts.* Mir ist nicht klar, was er damit meint. Nach Prof. Forke sind die *ts*-Laute in Döngdzhoufu noch vorhanden. Dieser Widerspruch sowie noch ein anderer, daß nämlich Mateer für Nanking die Form *küin*, Forke aber *chüin* registriert, macht mich Mateer's Lauttafel gegenüber etwas skeptisch.

Statt *ko̤* und *ho̤* (nicht statt *go)* hört man im Osten von Südschantung vielfach die Formen *ka* und *ha;* sie werden aber von den Literaten als dialektisch empfunden. Die Formen *ka* und *ha* fehlen sonst.

Durch den Einfluß der Nebenform *gẹị* hat sich auch *gị* erhalten, doch nur in der einen Bedeutung „geben". *gei* steht in Südschantung auch noch für manche Zeichen, die von Wieger mit *keue (= göä)* wiedergegeben werden. *gei* trennen, Distanz; nach Wieger *keue.*

gö statt *go* nur enklitisch nach Zahlwörtern: *yigö, lianggö,* also sekundärer Laut.

Manche Individuen in Südschantung elidieren *u* in *guoa, kuoa, huoa.* Mein Gewährsmann in Yändzhoufu sprach diesen Gleitvokal jedoch stets aus.

Die Gruppe *l*, *n*, *s*.

sa̦	*sa̱ng*	*su̦*	*su̱ng*	*si̦*	*si̦n*	*si̦ng*
撒	喪	速	送	洗	新	姓
ausstreuen	Begräbnis	schnell	senden	waschen	neu	Name

sä̱n	*sö̱*	*sö̱ng*	*sü̦*
三	死	僧	俗
drei	sterben	Bonze	vulgär

sa͡o	*so̯a̯*	*so̯u̯*	*se̯i̯*	*sä̯*
掃	鎖	搜	顋	塞
fegen	Kette	durchstöbern	Wange	verstopfen

su̯i̯	*su̯i̯n*	*su̯e̯i̯*	*su̯ä̱n*
雖	孫	雖	算
obwohl	Enkel	obwohl	zählen

si̯a̱ng	*si̯o̯a̯*	*si̯u̯*	*si̯a͡o*	*si̯ä̯*	*si̯ä̱n*
像	削	修	小	寫	先
Bild	abschaben	schmücken	klein	schreiben	früher

sü̯o̯a̯	*sü̯i̯n*	*sü̯ä̱n*
雪	詢	選
Schnee	inspizieren	wählen

sa ist in einigen Fällen Abkürzung für *sän*, *sa tsiän* 3 Käsch. Im Osten wird für einige Charaktere *siung* statt *sung* gelesen; *siung shu* Konifere; *si sin sin* fehlen im Westen; dafür *hyi* etc. Desgleichen dort *hyü*, *hyüoa*, *hyüin*, *hyüän*; *se̯i̯* nur durch obiges Schriftzeichen vertreten. Tsaodzhoufu bevorzugt wieder *suei* statt *sui; suei* wird nirgends abgekürzt zu *sei*.

l und *n* wechseln nicht wie in Nanking und anderswo. *nou* fehlt. (Kommt in Hokienfu vor; dort stets statt *ngou)*. Im Osten öfter *liung* statt *lung* (z. B. Drache). *lö̱* und *nö̱* fehlen. Im Osten *lui* statt *lei* (Donner). *lüin* fehlt; stets *luin*. Statt *lüän* stets *liän*. *li̯a̯* durch ein Zeichen vertreten; Bedeutung: 2. Für *ni̦n* ein Zeichen; höflich für „du". *ni̯ü* statt *nü* im Osten. Dort auch wieder *nui* statt *nei*. *nü̯o̯a̯* kommt vor neben *yoa (yüoa)*. Für *nu̯ä̱n* ein Zeichen: *nuän huoa* warm. Yidzhoufu-Land hat *s͡yüin* und *s͡yüän;* Übergang zu *hyüin* und *hyüan* im Westen. Desgleichen *si̯ü* (noch mit vokalischem Vorschlag; nicht *s͡yü)*. Döngdzhoufu und Weihiän haben eine Form *ni̯u̱ng* neben *nu̱ng*.

ling, *ning*, *sing* haben sämtlich velares *r* vor *ng*, das unter Einwirkung des Diminutivums *ö̱l̦* zum Zungen-*r* wird. Daß einige Gebiete von Tsaofu *si* mit *hyi* und *hyi* mit *si* verwechseln, wurde schon erwähnt. *si huän* statt *hyihuän*. Es wird dies als lokal empfunden und von den Nachbarn durch Hänseln geahndet.

Velares *r* vor *ng* nach *i* scheint auch in Döngdzhoufu vorzukommen. Mateer sagt: Im ersten und vierten Ton neigt *ing*, nach *ch* und *k (= dy* und *gy)* zu *iêng*. Es dürfte sich auch da um das halbvokalische velare *r* handeln.

Anlaut *ṅg͡h.*

ṅg͡hạ	*ṅg͡ha̱ng*	*ṅg͡hǫ*	*ṅg͡hẹn*	*ṅg͡hä̱n*
骯	骯	餓	恩	安
schmutzig	schmutzig	hungrig	Güte	Friede

ṅg͡ha͡o	*ṅg͡hǫṷ*	*ṅg͡hẹi̭*	*ṅg͡hä̤*
傲	藕	額	愛
Hochmut	Lotoswurzel	Vorderkopf	lieben

ngha kommt überall als Abkürzung vor für *nghang*. Das Schriftzeichen liest der Literat gewöhnlich *nghang; ṅg͡ha dza* schmutzig. Die Schriftzeichen, die ursprünglich *ngho* gelesen wurden, teilen sich in die Aussprache *ngho* und *wo; wǫ* ich, *ṅg͡hǫ* hungrig. *nghẹi̭* nur durch obiges Zeichen vertreten. Im Osten kommt auch *nghui* statt *nghei* vor; aus *nghuei*. In Hokienfu ist *ngh* durch einfaches *n* ersetzt, in Peking nach Forke durch *g͡h*, oder auch der Anlaut verschwindet vollständig, so daß die Wörter mit einem Vokal anlauten (mit hartem oder weichem Einsatz ?). Wieweit die Aussprache *nghä* (Vokal *ä* statt Diphthong *ai)* reicht, ist aus den Wörterbüchern nicht ersichtlich, weder bei dieser Silbe noch bei den anderen Silben auf *ai*. Ich vermute, daß in vielen Fällen *ai* eben konventionelle Schreibung ist für *ạ̈*. Für die Silbe *nghǫ* gibt Wieger als Normalaussprache in Hokienfu neụe *(nöä)*, als Nebenform bei manchen Charakteren: wo. In Südschantung haben *ngho, wo, go* usw. keinen diphthongischen Charakter. Es ist einfaches offenes *ǫ*.

Die Anlaute *f* und *w*.

fạ	*fa̲ng*	*fụ*	*fe̲n*
罰	房	父	分
bestrafen	Haus	Vater	teilen

fä̲n	*fö̲ng*	*fao*	*fẹi̭*
飯	風	否	非
Essen	Wind	(Fragepartikel)	nicht

wạ	*wa̲ng*	*wǫ*	*wụ*	*wu̲ng*	*we̲n*
瓦	王	我	五	翁	問
Ziegel	König	ich	fünf	Greis	fragen

wä̲n	*wẹi̭*	*w.*
完	爲	外
fertig	für	außerhalb

Älteres *fung*, im Osten noch gebräuchlich, ist im Westen überall durch *fö̲ng* ersetzt. Statt *fao* hört man selten *fọṷ*. *fei* wird in Yändzhoufu und Tsaodzhoufu *fi* gesprochen. In Tsaodzhoufu ersetzt dafür *fei*, wie schon erwähnt, die Silbe *shuei*, wie auch in Pudzhou (Shänsi). Pudzhou hat nach Forke auch *dzhuei* und *tsuei* durch *pf* und *pf'* ersetzt. In Tsaodzhoufu ist das nicht der Fall.

wo entstanden aus älterem *ngho*. Statt *wei* hat Yändzhoufu „*vi*“ (nicht bilabial, sondern labio-dental, wie das deutsche w). Anlaut *u* statt *wu* kommt in Südschantung nirgends vor. Die Schreibung *u* im „Deutsch-chines. Handwörterbuch“ (Katholische Mission) ist Entlehnung aus andern Wörterbüchern und gibt, wie auch sonst oft, die einheimische Aussprache nicht wieder. Vielleicht kann ich, da sich das Wörterbuch in vielen deutschen Händen befindet, noch auf einiges andere aufmerksam machen. Zirkumfl. über *ô* bezeichnet nur den geschlossenen Vokal: *ôu* = *ọṷ*. Desgleichen bei *êi*; *êi* = *ẹi̯*; *ê* ist *a̲*, hat mit Wades *ê* (= *öä* in offener Silbe) nichts zu tun; *a* in *ban*, *dan* etc. ist nicht *ạ*, sondern *ä̲*; *e* in deng usw. ist nicht *e̲*, sondern *ö̲*; *yün* etc. ist nicht *yụn* oder *yü̲n*, sondern überall *yüin*, *dyüin* usw. *buo*, *puo*, *duo* ist konventionelle Schreibung für *bo̭ạ* usw. *huo* ist *hṷo̭ạ*. Es wird später nochmals darauf hingewiesen. (Es handelt sich um die alte Ausgabe).

Reibelaut *y* und die Aspirata *hy*.

hyi	*hyin*	*hying*	*hyü*	*hyia*	*hyiang*
喜	馨	杏	許	下	向
Freude	duften	Aprikose	erlauben	unten	Richtung

hyioa	*hyiu*	*hyiung*	*hyiao*	*hyiä*
學	休	凶	孝	歇
lernen	aufhören	Unglück	Pietät	ruhen

hyiän	*hyiä*	*hyüoa*	*hyüin*	*hyüän*
閒	鞋	靴	訓	喧
Muße	Schuhe	Stiefel	unterweisen	Geschrei

Was die *y*-Reihe anbetrifft, so ist der Gleitvokal in den meisten Fällen (*yüin* und *yüän* natürlich ausgenommen) praktisch unhörbar. Mateer plädiert für die Schreibung *yie*, *yien*, *yiu*, da nach Ansicht der Chinesen die Finale identisch sei mit den Finalen in *liä*, *miä*, *tiä* usw. Wieger verbindet den Reibelaut direkt mit dem Hauptvokal und schreibt *ye yen you* (= *yu*). Dasselbe tut Wade. Mir scheint, daß letztere Schreibung vorzuziehen ist, obwohl nicht geleugnet werden kann, daß bei einigen Tönen, die gewöhnlich langen Vokal bei sich haben, der Gleitvokal sich fühlbar macht, worauf Mateer hinweist. Wenn man aber das berücksichtigen wollte, dann müßte man beispielsweise für den dritten Pekington *yiu* schreiben, für den dritten Ton in Schantung-Süd aber *yu*. Der Gleitvokal bleibt also am besten weg. Das Gleiche gilt von der *dy*-Reihe, wenn man bei der Schreibung die neueren Palatale berücksichtigen will. Für eine allgemeine Umschrift wären meines Erachtens die Formen *gia giu* usw. vorzuziehen, da sie im Norden doch noch ziemlich verbreitet sind und Berücksichtigung verdienen. *ky* scheint im Norden so ziemlich allgemein dem *thy* gewichen zu sein; das *dy* dürfte auch bald *gy* verdrängt haben. Bei den Silben mit *hy* und *thy* macht sich der Gleitvokal mehr geltend und ist daher *hyia* usw. vorzuziehen (statt *hya*). *hyiä* (*hyiai*) ist nur durch einige Charaktere vertreten. Fehlt bei Wieger. *hyioa*, *yioa* werden in Hokienfu zu *hyiao*, *yao*. Mateer registriert für „lernen": *hioa hüoa;* behält aber für „Schnee" die Schreibung *hsüe* (= *hüö*) bei. In Südschantung werden *hyioa* und *hyüoa* promiscue gebraucht. In Dzining hörte ich statt *hyüoa* (Stiefel) auch *hyiä* (offenes *ä*). Diese Aussprache hat man auch in Honan.

Stimmhaftes *zh.*

zhang	*zhu*	*zhung*	*zhen*	*zhä*
讓	如	絨	人	熱
nachgeben	wie	Sammt	Mensch	heiß
zhän	*zhö*	*zhöng*	*zhao*	*zhoa*
染	日	仍	饒	若
färben	Sonne	noch	verzeihen	wenn
zhou	*zhui*	*zhuin*	*zhuei*	*zhuän*
肉	蕊	潤	蕊	軟
Fleisch	Blumenkelch	befeuchten	Blumenkelch	weich

Der Osten hat *y* statt *zh*, teilweise auch *l; zhang* wird zu *yang*, *zhu* zu *yü*, *zhung* zu *yung* (hier schwankt auch der Westen im Sprachgebrauch), *zhen* wird *yen* oder *yin* (Canton hat *yan)*, *zhä* wird *yä*, *zhän* wird *yän*, *zhö* wird *yi*, *zhöng* wird *löng*, *zhao* wird *yao*, *zhoa* wird *yoa*, *zhou* wird *yu*, *zhui* wird *shui* (offenbar ein schüchterner Versuch, *zhui* zu sprechen, was nicht gelingt), *zhuin* (übrigens nur in obiger Bedeutung vertreten, denn Schaltmonat heißt auch im Westen *yüin yüoa)* wird *yüin*, *zhuei* wird *shui (uei* im Osten unbeliebt), *zhuän* wird *yüän*. Hokienfu hat auch nach Wieger nur *yüin* und *lüin; zhuin* fehlt auch dort. — Was die Aussprache betrifft, so besteht der Hauptunterschied zwischen Ost und West in Südschantung in der verschiedenen Aussprache *zh* und *y*. Es ist das Schibboleth, das ohne weiteres angibt, wo der Sprecher her ist. Interessant ist, daß die Leute in Tsaodzhoufu den weichen *sch*-Laut vor *u* sprechen gelernt haben, während ihre Verwandten in Pudzhou (Shänsi) noch *wu* statt *zhu*, noch *wän* statt *zhuän*, noch *wei* (oder *fei)* statt *zhuei* sprechen (vgl. Forkes Lauttafel). Statt *shuei shuän* sprechen, wie bereits erwähnt, auch die Tsaofuleute *fei fän* etc. Über die vermutliche alte Aussprache der *zh*-Silben vgl. Kalgrens Wörterbuch.

Die Silbe *öl*.

In Südschantung gibt es nur eine Silbe, die mit einem Vokal beginnt, nämlich *ö̱l̦*. Der Vokal läßt sich am besten durch ein offenes *ö̱* wiedergeben; der Konsonant ist nach Ansicht von Prof. Calcia ein zerebrales *l̦*. Vertritt dieser Laut das Zeichen für „Kind“, so haben wir das Diminutivum, das geradezu revolutionierend auf die Lautbildung im Hochchinesischen einwirkt. Die Chinesen nennen die Verbindungsformen mit *öl* das *„tying niän“* (leichte Lesart), und die Literaten wollen nichts davon wissen, daß diese Lesart durch das Wörtchen *öl* bewirkt wird. Trotzdem ist es so. *Öl* hat, im Gegensatz zu dem andern Diminutivum *dzö*, auf den Ton des Diminutums keinen Einfluß; es verändert aber die Vokale des letzteren in der verschiedensten Weise, so daß Neubildungen entstehen, die wir nicht vom Literaten hören, wenn er uns Texte aus der Schriftsprache vorliest. Wir kommen damit zu den ***sekundären Lauten***, die zum größten Teil dem Diminutivum *öl* ihr Dasein verdanken. Ihre Beachtung ist im Verkehr mit dem Volke von der größten Wichtigkeit, nicht weniger als die Beachtung der Töne; man wird sonst sehr oft einfach nicht verstanden. In manchen Fällen ist der sekundäre, durch *öl* entstandene Laut leicht zu bilden; Bildungen wie *mö̱l̦* statt *men* (Tür), *yi hu̦ü̱l̦* statt *yi̦ hui̦* (ein Mal) sind ohne weiteres verständlich und leicht nachzusprechen. In vielen anderen Fällen aber ist es schlechterdings unmöglich, die durch *öl* bewirkte Veränderung schriftlich genau zu fixieren, und auch recht schwer, den Laut nachzusprechen. Vielleicht drücke ich mich am klarsten aus, wenn ich sage: Die Zunge bereitet sich schon zu Beginn der Silbe vor, ein zerebrales *l̦* zu sprechen, bildet es aber nicht. Dafür steht nun aber sozusagen das ganze Wort im Zeichen des zerebralen *l̦*. In solchen Fällen schreibe ich am Schlusse der Silbe ein hochstehendes *h*, in Ermangelung eines besseren Zeichens. Es soll damit kein gehauchter Absatz und auch kein ursprünglicher *zhu-shöng* angedeutet werden. — Ich habe die 400 Laute ein paarmal mit einem Literaten durchgenommen, um die Diminutivformen festzustellen. Die Ergebnisse folgen anbei. Der Literat ist ein Mann aus Yändzhoufu (Schantung).

2. Sekundäre Laute.

a) Durch das Diminutivum *öl* entstandene *s. L.*
bei Verbindung mit Vokalen:

Finale:

ạ der neu entstandene Laut ist entweder nur kenntlich durch die Mundstellung, oder Suffix *öl* wird Infix *r: ma öl = mạʰ* Pferd; *da öl = dra̱, go̱' dră̱* Knoten.

a̱ng Mundstellung! Bei der Silbe lang wird alveolares *l* zum zerebralen *ḷ; ḷang* Wolf.

o̱ hinzugefügtes *öl* nur aus der Mundstellung ersichtlich.

ụ Mundstellung! *wụʰ* Fünf-chen (Kindername; gemeint ist das fünfte Kind).

u̱ng Mundstellung! *ku̱ngʰ* freie Zeit.

e̱n wird durch *öḷ* zu *öḷ: me̱n ö̱l = mö̱ḷ* Tür.

i̱ wird *iṛl, i̱ül, ü̱l: li̱rl* oder *li̱ü̱ḷ* Körnchen; *pü̱ḷ* Haut.

ịn wird *i̱ṛḷ: siao si̱ṛḷ* Vorsicht!

i̱ng das schon vorhandene velare *ṛ* wird Zungen-*r: bing öl = bi̱rng* Krankheit.

ä kein Beispiel bekannt; *ạ̈ (ai)* wird *a͡ö: ḥa͡öl* Kind.

ä̱n wird *a͡öḷ: män ma͡öl'di* langsam. Auch wohl „*srä͡öh*“ (Drei-chen), ein Kindername.

ö̱ ö wird *öl: shö̱ ö̱ḷ = s͡hö̱ḷ* Sache.

ö̱ng verschiedene Bildungen; *döng öḷ = drö̱ng* Stufe; *löng öḷ = ḷö̱ng* Spitze, Ecke; *pöng öḷ = pö̱ngʰ; sö̱ng ö̱ḷ = srö̱ng* Bonze.

ụ̈ *nü öḷ = nüḷ* Mädchen.

Bei Verbindung mit fallenden Diphthongen:

ao͡	*ao* mit *öl:* Mundstellung! *bao*ʰ Kostbarkeit, *pao*ʰ Wasserbläschen, *dao öl* = *drao* oder auch wohl *ḍao* (zerebrales *d* für alveolares) Weg.
ọu̯	Mundstellung! Nur: *lọu̯ öl* = *ḷọu̯* mehrstöckiges Haus.
ẹi̯	wird *öḷ: lei öl* = *löḷ* Tränen; *(tọu̯-öḷ* = *trọu̯;* alter Mann = *lao trọu.*

Bei Verbindung mit steigenden Diphthongen:

u̯ạ	Mundstellung! *huạ*ʰ Blume.
u̯ang	kein Beispiel bekannt.
u̯ọa	Mundstellung! *gu̯ọa*ʰ Frucht.
u̯i	wird *u̯ül: yi hu̯üḷ* ein Mal.
u̯in	wird *u̯üḷ: sän hu̯üḷ* drei Seelen (hier n in *sän nasal*! Assimil.!)
u̯ẹi̯	wie bei der Kontraktionsform *ui.*
u̯ä	*(uai)* und *u̯än* werden *u̯ä͡öḷ: ku̯ä͡öḷ* Stück; *gu̯ä͡öḷ* Mandarin.
i̯a	Mundstellung! *gi̯a*ʰ Haus.
i̯ang	*l* wird durch *öl* zu *ḷ: ḷiang* Balken.
i̯ọa	Mundstellung! *lioa li̯ọa*ʰ' *di̯* ein wenig.
i̯u	Mundstellung! *li̯u*ʰ „Sechs-chen“ (Kindername); selten Infix *r: ni̯ru̯* Ochs.
i̯ung	Mundstellung! Jedoch: *ḷiung* Drache.
i̯ä	wird *i̯rä: ni̯ä öḷ* = *ni̯rä* Mache, ungerechte Anklage.
i̯ä	wird *i̯ä͡öḷ: si̯ao͡ hyi̯ä͡öḷ* kleine Schühchen.
i̯än	wird *i̯ä͡öḷ: liän öḷ* = *li̯ä͡öḷ* Gesicht.
i̯ao͡	Mundstellung! *pi̯ao͡ öḷ* = *pi̯ao͡*ʰ Schöpflöffel. Auch wohl *irao: miao mi̯rao͡'di* ganz groß, unermeßlich.
üọa	Mundstellung! *h͡yüọa*ʰ Stiefel.
üin	wird *üüḷ: t͡yüüḷ* Herde.
üän	wird *üä͡öḷ: t͡yüä͡öḷ* kleiner Kreis (Interpunktionszeichen).

Die Feststellung der Diminutivbildungen ist eine außerordentlich mühsame Arbeit, zumal sie in vielen Fällen noch nicht einmal konstant sind. Von den Grammatiken und Wörterbüchern wird dies Kapitel meist sehr stiefmütterlich behandelt, was uns bei der Schwierigkeit desselben nicht wunder nimmt. Wieger bemüht sich allerdings, die Verbindungen mit *öḷ* nach Möglichkeit schriftlich wiederzugeben, was ihm bei seiner französischen Transskription nur sehr mangelhaft gelingt. Sonst begnügen sich die Autoren damit, das Schriftzeichen für *öḷ* hinter das Hauptwort, Eigenschaftswort oder Verbum zu setzen und das Weitere dem Lernenden zu überlassen. Das ist für den Autor gewiß recht bequem; doch weiß der Anfänger zunächst nichts damit anzufangen, genau so wenig wie mit der Angabe der Töne, wenn er die Gesetze nicht kennt, nach denen die Töne sich im Satze ändern.

b) Einige andere sekundäre Laute.

Als sekundär zu betrachten ist finales *m*, entstanden aus finalem *n* durch Assimilation mit einer Labialen. *dzen mo* wird zu *dzemmo, gen bän di* zu *gembändi*. Die Silbe *mo* im ersten Wort ist gleichfalls sekundärer Natur, nur als Enklitikum vorkommend in Wörtern wie *dzen-mo* wie, *shö-mo* was. Sonst lautet die Silbe „*moa*“. Sekundär sind auch die Vokale *ẹ* und *ọ*, da sie entweder durch Assimilation entstehen *(hẹn dui* sehr richtig, aber *hẹn hao* sehr gut) oder abhängig sind vom vierten Ton, der in Südschantung gedehnten Vokal erheischt; ausklingendes *u* oder *i* würde die Dehnung aufheben. Sekundär sind endlich die nasalierten Vokale, die durch Assimilation entstehen (man könnte statt *hẹñ hao* auch *hẹ̃ hao* schreiben). Als primär sind die nasalierten Vokale wohl noch nicht zu betrachten, d. h. sie sind noch nicht Norm und Regel, aber auf dem besten Wege, es zu werden. Die (außerhalb der *öl*-Verbindungen) vorkommenden Assimilationserscheinungen sind Feinheiten, die die Schönheit der Sprache bedeutend erhöhen, für das Verstandenwerden jedoch nicht unbedingt erforderlich sind. Anders beim Diminutivum *öl;* da rächt sich die Nichtbeachtung gar oft, besonders wenn man mit dem ungebildeten Mann aus dem Volke spricht.

Schemata der Vokale und Konsonanten.

Sämtliche primäre und sekundäre Laute ergeben nun folgende Schemata:

Vokalschema:

ị						*ü̩*						*ụ*
	i̱					*ü̱*					*u̱*	
		ẹ								*ọ*		
			e̱			*ö̱*			*o̱*			
				ä̩								
					ä̱		*a̱*					
						ạ						

ã ä̱̃ ẹ̃ ĩ̱ ị̃ kommen als nasalierte Vokale hinzu. Die Diphthonge und Triphthonge setzen sich aus obigen Vokalen zusammen.

Konsonantenschema:

		bilab.	lab.-dent.	alveolar	zerebr.	palat.	velar
Verschluß	explosiv	*b p*		*d t*	*ḍ**		*g k*
	nasal			*n*			*ṅ*
Enge	frikativ	*w*	*v* f*	*s* *zh sh*		*y hy*	*ḥ*
				*r**			*ṛ*
	vibr.			*l*	*ḷ*		

Sternchen bei *r* und *d* zeigt an, daß es sich um sekundäre Laute handelt. Sternchen bei *v* zeigt an, daß es nur lokal (im Gebiet von Yändzhoufu) vorkommt.

Von der Atmung unabhängige Laute (Schnalze) kommen nicht vor. Es kommen noch hinzu: *dz ts dzh tsh dy thy ṅgh*, durch Verschluß und Enge gebildet. Auch die Bilder auf den Tracés deuten darauf hin, daß diese Konsonanten tatsächlich aus obigen Komponenten bestehen, obwohl sie natürlich einen Laut darstellen, ähnlich wie der Diphthong au in Haus aus zwei Komponenten besteht, aber doch nur einen Laut darstellt, der in der Schreibung auch niemals getrennt wird (man trennt nie Ha-us, sondern schreibt das ganze Wort auf die folgende Seite).

Corollarium.

Wir haben gesehen, wie außerordentlich einfach und übersichtlich die chinesische Lautbildung im Norden ist. Sämtliche Laute lassen sich recht genau durch lateinische Buchstaben wiedergeben, wenn wir einige wenige diakritische Zeichen hinzufügen. Letztere können wir aber ruhig weglassen, wenn wir ein paar Ausspracheregeln zu Hilfe nehmen. Wir kämen mit folgenden aus: *a u i* sind geschlossen in offener, offen in geschlossener Silbe (Ausnahme: *i* ist auch vor *n* meist geschlossen). *ä̠ e̠ ö̠ o̠* sind stets offen (nur *e* kann geschlossen sein infolge von Assimilation). *ạ̈* könnte ersetzt werden durch *ai* (in Peking ist es ja auch wirklicher Diphthong). Für die Diphthonge würde gelten: vier sind fallend *(ao, oa, ou, ei)*; die andern steigend. Was die Konsonanten anbelangt, so könnte *ṅg͡h* ersetzt werden durch *ng*, nach der Regel: *ng* ist im Auslaut velarer Nasal, im Anlaut velarer Nasal mit folgendem weichen Reibelaut *g͡h; hy* wäre zu ersetzen durch *h*, nach der Regel: *h* = *hy* vor *i* und *ü*, sonst = *ch* in *ach*. Für *dy* und *th͡y* könnten wir in ähnlicher Weise *g* und *k* verwenden, nach der Regel: *g* und *k* = *dy* und *th͡y* vor *i* und *ü*, sonst = schwach stimmhaftes bzw. aspiriertes *k* und *kh*. Die andern Konsonanten erklärten sich von selbst. Als diakritische Zeichen blieben nur übrig die Punkte über *ä ö ü*. Da sie in einer lebenden Weltsprache (Deutsch) vorkommen und in allen Druckereien vorrätig sind, bedeutet ihre Verwendung kein Risiko und keine Gefahr, daß sie, wie es den diakritischen Zeichen gewöhnlich passiert, einfach fortgelassen werden. Da sämtliche Typen in jeder Druckerei vorhanden sind und auch auf der Schreibmaschine sich finden, wäre ein Umschriftsystem fürs Chinesische, das ähnlich wie das obige sich mit lateinischen Typen begnügt, hervorragend praktisch. Die Töne kann man, wenn man will, durch die französischen Akzente bezeichnen. Solche Typen sind leicht zu beschaffen. In vielen Fällen wäre es aber nicht nötig, die Tonbezeichnung hinzuzufügen. Wörter wie *futsin* (Vater), *shumu* (Bäume), *dungsi* (Ding) sind auch ohne Tonbezeichnung verständlich. Nur wo ein Mißverständnis zu befürchten wäre, müßte die Tonbezeichnung hinzugefügt werden.

Es soll hier nicht dem Bestreben derer das Wort geredet werden, die die chinesischen Schriftzeichen als überflüssig erachten und sie ganz abschaffen möchten. Zu denen gehören leider auch eine Anzahl Jungchinesen, die in völliger Verkennung des Wertes ihrer Schriftzeichen denselben den Kampf angesagt haben, wie eine in Shanghai erschienene Broschüre marktschreierisch betont. Die Schriftzeichen sind ein hohes Kulturgut, das das chinesische Geistesleben mit der Vergangenheit verbindet. Ihre Abschaffung bedeutete einen vollständigen Bruch mit der Vergangenheit. Vor allem für die Schriftsprache sind die Zeichen nicht entbehrlich, wenngleich die moderne Schriftsprache gern Komposita verwendet. Etwas anderes ist es aber, die lateinischen Lettern als Notbehelf in den unteren Klassen der Volksschulen zu verwenden, um denjenigen Schülern, die die Schule nicht lange genug besuchen können, um sich eine gute Kenntnis der Schriftsprache anzueignen, wenigstens die Möglichkeit zu bieten, sich später in der Volkssprache schriftlich ausdrücken zu können. Dadurch würde die Anzahl der Analphabeten (diese sind in China in der Mehrzahl) ganz bedeutend verringert. Allerdings, an Stelle der Charaktere ganz neue, fremdartige Zeichen einzuführen, so eine Art Katakana, wie die Jungchinesen es versuchen, halte ich nicht für das Richtige. Auch P. Mullie (Notions S. 112ff.) hält dies Bestreben für verfehlt. Wenn die Chinesen, was die Buchstabenschrift anbelangt, den Europäern die Hand reichen wollen *(gi wai-guoa-zhen wo shóu)*, wie ein junger chinesischer Phonetiker sich ausdrückt, dann ist die Einführung einer vollständig neuen Buchstabenschrift dafür wohl kaum die geeignete Art und Weise. Und wozu schließlich die großen Auslagen für die Druckereien, die die Anschaffung einer neuen Buchstabenschrift bedingt? *Der ganze Typenreichtum, der für die lateinischen Buchstaben zur Verfügung steht: Antiqua, Kursiv, Fraktur und wie die Sorten alle heißen, stände bei Einführung der lateinischen Typen sofort zur Verfügung.* Und die lateinischen Buchstaben muß die Jugend auf den höheren Klassen ja ohnehin erlernen, da Englisch vorgeschrieben ist. Wozu da der Ehrgeiz, eine vollständig neue Schrift einführen zu wollen, wenn die lateinischen Buchstaben, wie wir dargetan haben, vollkommen ausreichen? Wir hoffen, daß der gesunde Menschenverstand die Chinesen von ihrem Abwege zurückführen wird. Sie sollten sich an den Türken ein Beispiel nehmen.

Im folgenden gebe ich ein Beispiel, wie ich mir eine praktische lateinische Umschrift denke, und zwar an der Hand einer kleinen Erzählung, genommen aus Wieger, Narrations populaires, S. 17.

Der Bruderschaftskontrakt.

Yigö[1] *laoshu*[2] *ho*[3] *yigö*[4] *maföng*[5] *bai mônghiungdì*[6], *tsingliao*[7] *yigö*[8] *siùtsai*[9] *lai*[10], *gi tamen*[11] *siä*[12] *tiäöl*[13]. *Niân*[14], *mào*[15], *sändài*[16], *liän*[17] *tiäshangdi*[18] *huayü*[19], *yä*[20] *giao*[21] *siutsai*[22] *du*[23] *siâ̆shang*[24]. *Gän*[25] *huäntiâ̆di*[26] *shöhou*[27], *tamen*[28] *sänwei*[29] *yikuaiöl*[30] *dzoaliao*[31] *sî*[32]. *Yu*[33] *biäzhen*[34] *kängiän*[35] *ho*[36] *siutsai*[37] *shuōa*[38]: *Dzenmo*[39] *ni*[40] *yigö*[41] *siâ̆nshönggia*[42], *ho*[43] *laoshu*[44], *maföng*[45], *yidzhang*[46] *dzhōadzö*[47] *shang*[48] *dzoaliao*[49] *sî ni*[50]! *Nagö*[51] *siutsai*[52] *shuoa*[53]: *Ni*[54] *bu*[55] *dzhödao*[56]. *Dzhä*[57] *laoshu*[58] *hui*[59] *dzuâ̆n*[60], *na*[61] *maföng*[62] *hui*[63] *dzhâ̆*[64]; *wo*[65] *shö*[66] *pà*[67] *tamen*[68]; *dzhö*[69] *dei*[70] *dziùdadzhoa*[71]; *bu*[72] *gän*[73] *siáokän*[74] *tamen*[75]. *Dzhä*[76] *shö*[77] *shuōadi*[78]: *fänshö*[79] *yüdzhoa*[80] *dziäntôudi*[81] *zhen*[82] *bi*[83] *na*[84] *láoshu*[85], *sinli*[86] *yu-dû-di*[87] *zhen*[88] *bi*[89] *na*[90] *mâföng*[91], *dzung*[92] *gai*[93] *siáosin*[94], *biä*[95] *zhâ̆*[96] *(zhoa) tamen*[97]; *pa*[98] *houlai*[99] *shouliao*[100] *tamendi*[101] *hài*[102].

[1]Eine [2]Ratte [3]mit (und) [4]eine [5]Wespe [6]schlossen Brüderschaft [7]sie baten [8]einen [9]Bakkalaureus [10]zu kommen [11]ihnen [12]zu schreiben [13]den Kontrakt [14]Jahr [15]Personalbeschreibung [16]die drei Generationen (Vater, Großvater, Urgroßvater) [17]zusammen mit [18]auf dem Kontrakt [19]die Worte [20]auch [21]ließen sie [22]den Bakkalaureus [23]alles [24]aufschreiben [25]als herankam [26]des Kontraktauswechselns [27]Zeit [28]sie [29]drei Würden [30]zusammen [31]saßen [32]zu Tisch [33]da war [34]ein anderer [35]der zusah [36]zum [37]Bakkalaureus [38]sprach [39]Wie [40]du [41]ein [42]Herr (gebildeter Mann) [43]mit [44]Ratten [45]Wespen [46]einem [47]Tische [48]auf [49]sitzend [50]Ausruf [51]jener [52]Bakkalaureus [53]sprach [54]du [55]nicht [56]weißt [57]diese [58]Ratte [59]kann [60]nagen [61]diese [62]Wespe [63]kann [64]stechen [65]ich [66]sein (was mich anbetrifft so) [67]fürchte [68]sie [69]nur [70]man muß [71]sich schicken [72]nicht [73]wagen [74]zu verachten [75]sie [76]dies [77]ist [78]gesagt (will besagen) [79]immer [80]wenn man trifft [81]spitzköpfige (schlaue) [82]Menschen [83]wie [84]jene [85]Ratte [86]im Herzen [87]Gift habende [88] Menschen [89]wie [90]jene [91]Wespe [92]immer [93]muß man [94]vorsichtig sein [95]nicht wolle [96]reizen [97]sie [98]aus Furcht daß [99]später [100]man erleidet [101]von ihnen [102]Schaden.

B. Die Töne.

Begriff der musikalischen Töne.

Wir kommen zu einem Kapitel, dessen Studium den Europäern schon immer besondere Schwierigkeiten bereitet hat: ich meine die musikalischen Töne. Ihre Erlernung ist für uns deshalb so mühsam, weil sie in unseren Sprachen durchweg keine lexikographische Bedeutung haben. Ob ich das Wort „Mensch" in einem hohen oder tiefen, steigenden oder fallenden Tone ausspreche, ändert an der Bedeutung des Wortes nichts. Anders verhält es sich mit den sogenannten Tonsprachen. Wenn ein Chinese aus Schantung das Wort „*yän*" in einem steigenden Tone ausspricht, etwa in unserm Frageton, so meint er Tabak. Spricht er dieselbe Silbe in einem hohen fallenden Ton, etwa in unserm Befehlston, so denkt er an Salz. Daneben berücksichtigt er auch noch den dynamischen Akzent. *Wǫ'di* (das *wǫ* betont) heißt „mein"; *wǫ di'* (das *di* betont) könnte heißen: mein jüngerer Bruder, wenn hier nicht der höfliche Sprachgebrauch den Ausdruck „*shä di'*" (der Hütte jüngerer Bruder) vorzöge. Beides, Ton sowohl wie dynamischer Akzent, sind im Chinesischen von der größten Wichtigkeit. Ich weise hier noch darauf hin, daß ich in meiner Arbeit scharf unterscheide zwischen Ton und Akzent. Unter Akzent verstehe ich nur den dynamischen Akzent; mit dem Worte „Ton" aber meine ich den musikalischen Ton, ganz gleichgültig ob es sich um einen ebenen oder unebenen Ton handelt. Die Wörter „Akzent" und „Ton" werden sonst im Deutschen nicht so scharf unterschieden.

Wir gehen nun dazu über, die Tonverhältnisse in Südschantung darzulegen, um im Anschlusse daran, der Erläuterung und des Vergleiches halber, die Töne anderer Dialekte heranzuziehen. Experimentalphonetische Aufnahmen werden uns dabei in wirksamer Weise unterstützen. Die Aufnahmen wurden gemacht im Phonetischen Laboratorium zu Hamburg. Experimentalphonetikern, die genau wissen, wieviele „Mucken" die Apparate manchmal haben und die deshalb natürlich zuerst gern wissen möchten, wer die Aufnahmen gemacht, ein Anfänger oder ein erfahrener Fachmann, sei zur Beruhigung mitgeteilt, daß Herr Dr. Heinitz, langjähriger Assistent des Herrn Prof. Calzia, die Freundlichkeit hatte, sämtliche Aufnahmen zu leiten, und daß die meisten Aufnahmen von Fräulein Kraus, die bis vor kurzem im Laboratorium tätig war und große Übung im Ausmessen hatte, mit dem Mey-Apparat ausgemessen wurden. Die letzten Aufnahmen (von Nordostschantung) wurden von mir selber ausgemessen, nachdem ich mir vollkommene Sicherheit im Ausmessen angeeignet hatte.

Herrn Dr. Heinitz und Fräulein Kraus sei an dieser Stelle für ihr freundliches Entgegenkommen herzlich gedankt.

Die Töne in Südschantung.

1. Die vier Grundtöne.

Die vier Töne, die, wie wir gesehen haben, im Norden überall vorkommen, finden sich auch in Südschantung. Es sind, um sie nochmals zu nennen, der *shang ping*, der *hia ping*, der *shang shöng* und der *kü shöng*. Die Namen besagen wörtlich: hoher ebener Ton, tiefer ebener Ton, steigender Ton, gehender (fallender) Ton. In Südschantung machen nun die Töne ihren Namen durchweg keine Ehre, d. h. sie entsprechen nicht mehr dem, was die alten Chinesen offenbar darunter verstanden. Das gilt aber nur, soweit die Töne einzelner Wörter in Betracht kommen; bei Wortkomplexen innerhalb des Satzes tritt der ursprüngliche Charakter oft wieder hervor.

Bevor ich an die Beschreibung der einzelnen Töne Südschantungs herangehe, möchte ich darauf aufmerksam machen, daß ich die zugehörigen Kurven leider von mir selber geben muß, da es mir trotz aller Bemühungen nicht gelang, eine einheimische Versuchsperson ausfindig zu machen. Zu meiner Freude ist es mir aber gelungen, eine solche aus Nordostschantung zu finden, Herrn Kao aus Laidzhoufu, und ich kann zu meiner Befriedigung feststellen, daß wenigstens die Tendenz seiner Kurven mit der Tendenz der meinigen übereinstimmt. Was die Intervalle anbetrifft, so ist ein Irrtum leicht möglich. Vielleicht sind dieselben bei mir zu groß. Sobald ich einen Mann aus Südschantung ausfindig mache, werde ich einen etwaigen Irrtum bezüglich der Intervalle berichtigen. Ich glaube jedoch, daß ein genauer Vergleich meiner Kurven mit denen des Herrn Kao, besonders wenn man die Kurven der Wortkomplexe vergleicht, den Leser davon überzeugen wird, daß ich im allgemeinen richtig gehört habe. Ich weise noch darauf hin, daß die Kurven des Herrn Kao weiter auseinandergezogen sind; dies rührt her von der größeren Geschwindigkeit des Apparates.

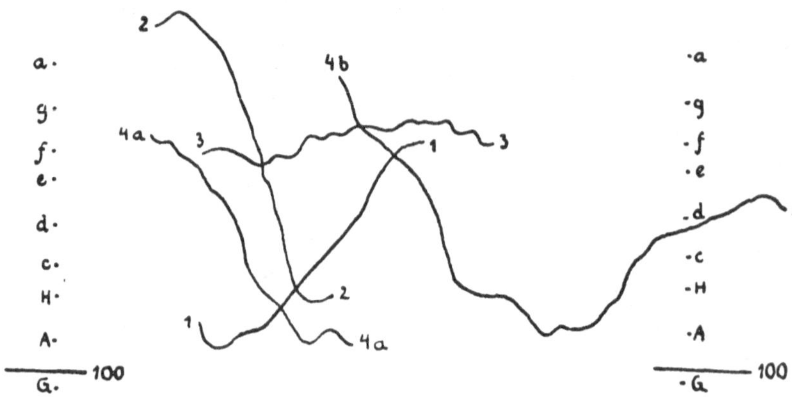

Kurvenzeichnung 1. Die Töne in Südschantung.

Der erste Ton, *shang ping*, ist in Südschantung ein steigender Ton. Beispiel: *tiän* Himmel (Kurve 1—1). Er steigt (nach meiner Kurve) von A bis f. Er entspricht etwa unserm Frageton (in Norddeutschland). Auch unser Gruppenton beim Zählen würde ihn recht gut wiedergeben: eins, zwei, drei (vier, bei vier senkt sich die Stimme). Vergleichen wir die Kurven, so finden wir, daß bei Herrn Kao (Schantung Kurve 1a) die Steigung nicht so groß ist und daß Herr Kao höher einsetzt (bei d). Seine Kurve von Ton 4 kommt der meinigen von Ton 1 näher. Zum Vergleiche können wir noch heranziehen Canton Kurve 3 und 4, dann Amoy Kurve 2 und Peking Kurve 2.

Der zweite Ton, *hia ping*, ist ein hoher fallender Ton. Beispiel: *zhen* Mensch. S. Kurve 2—2. Er fällt nach meiner Kurve um eine Oktav. Wir gebrauchen diesen Ton im Deutschen, wenn wir jemand etwas auf den Kopf zusagen: „du bist es gewesen". Auch ein Befehl wird gewöhnlich in diesem Tone erteilt. Bei Gegensätzen kommt er gleichfalls zur Geltung: nicht er war es, sondern du warst es. Die Silbe „du" würde dem *hiaping*, die Silbe „er" dem *shangping* entsprechen. Das beste Symbol für den hiaping wäre das Ausrufungszeichen, das beste Symbol für den *shangping* das Fragezeichen. Ziehen wir die andern Kurven zum Vergleiche heran, so sehen wir, daß zunächst Herr Kao (N.-O. Sch. Kurve 2—2) ein kleineres Intervall beim *hiaping* angibt. Die Tendenz ist gleich. Auch muß man sich die Kurve steiler denken, da die Geschwindigkeit des Apparates größer war. Es handelt sich bei Herrn Kao keineswegs um einen sanft hinabgleitenden Ton. Dem *hiaping* von Südschantung entsprechen auch annähernd der *shangping* von Canton, der *shangping* und der *shang zhu* von Shanghai, der *shangshöng* und *shangzhu* von Amoy (auch die Kurven von Amoy muß man sich steiler vorstellen, da die Geschwindigkeit des Apparates groß war) und der *shang shöng* von Sötshuän. Der *küshöng* von Peking, wie meine Versuchsperson ihn spricht, wäre auch hierherzuziehen. Die Beschreibung Courants paßt aber besser auf einen sanft absteigenden Ton, also auf Südschantung Ton 4a. Eher wäre die Schattierung des *hiaping*, die Karlgren bei einer Pekinger Versuchsperson festgestellt hat, hierherzuziehen; Karlgrens Kurve weist auf einen fallenden Hochton (a bis f). Karlgren meint aber, daß die steigende Schattierung des Pekinger hiaping wohl die gebräuchlichere sei.

Der dritte Ton, *shang shöng*, hat, außer bei Wortkomplexen, in Südschantung seine Steigung eingebüßt; er ist ein ebener Mittelton. Beispiel: *mu* Mutter (auch in den Kurven, sowohl von mir als von Herrn Kao). Meine Kurve sowie auch die des Herrn Kao (Schantung-Nordost) bewegt sich zwischen f und fis. Das Ohr hört f. Das gilt von einer Männerstimme. Frauen- und Kinderstimmen sind natürlich höher. In Wortkomplexen kommt allerdings die ursprünglich steigende Natur wieder zum Vorschein. Der Ton entspricht dem *shangping* von Peking und Sötshuän, dem *shangping* von Amoy (die Versuchsperson von Amoy hat sehr tiefe Stimmlage!), dem *shang kü shöng* von Canton und dem *shang shöng* von Shanghai. Er kommt in der deutschen Konversation häufig vor. In dem Satze, den wir vorhin hatten: „Nicht er war's, sondern du", würde der Ton der beiden Silben des Wortes „sondern" dem *shang-shöng* von Schantung entsprechen. Da er sich in der deutschen Konversation gern in der Nähe der Kommata aufhält, wäre für ihn das Komma passendes Symbol.

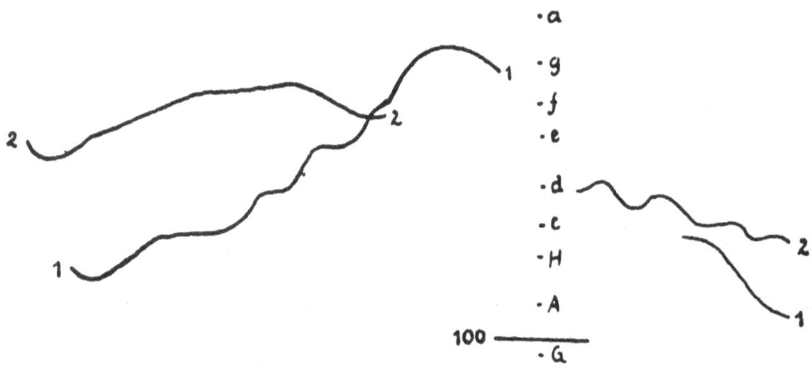

Kurvenzeichnung 2.

Die Töne in Wortkomplexen. Shangping folgt auf shangping

Der vierte Ton, *kü shöng*, ist im Osten von Südschantung ein tiefer fallender Ton, ein Mittel-Tiefton. Beispiel: *siao* lachen. S. Kurve 4a—4a. Er ist sanft fallend, abgleitend, und entspräche wohl der Buchdefinition, die mir ein Literat von ihm gab: *küshöng fen ming ngai yüän dao*, d. h. der *küshöng* ist ein Seufzen über einen langen Weg. Er ist in Südschantung der einzige Ton, dessen Name dem Wesen zu entsprechen scheint. Das Sinken der Stimme am Schlusse eines deutschen gewöhnlichen Behauptungssatzes würde ihm am ehesten entsprechen, z. B. das Wort „ruhen" in dem Satze: „Nach der Arbeit ist gut ruhen" wird für gewöhnlich, besonders wenn das Wort „nach" noch einen Nebenakzent hat, den *küshöng* tragen, wie wir ihn in Südschantung Ost kennen. Im *Westen* von Südschantung haben wir dagegen eine fallendsteigende Schattierung des küshöng, wie in dem Worte „ge-wi-iss", wenn jemand damit in einem selbstverständlich klingenden Tone seine Zustimmung zu etwas gibt. S. Kurve 4b—4b. Der Literat von Yändzhoufu gibt mir diesen Ton regelmäßig, wenn ich ihm ein Schriftzeichen vierten Tones zeige, ihn bittend, mir das Wort vorzusprechen. Für gewöhnlich gebraucht er aber diesen Ton nicht innerhalb des Satzes, sondern betont dann wie im Osten. Nur wenn ein gewisser Nachdruck darauf liegt, z. B. wenn ich etwas als wichtig oder unmöglich hinstellen will, kommt obige Schattierung zur Geltung: „das läßt sich einfach nicht machen" *dzhägö shööl bu nöng bän (bä-än)*. Prof. Forke hat diese Tonschattierung in *Döngdzhou-fu* (Nordostschantung) festgestellt, jedoch nur bei manchen Wörtern ersten (nicht vierten) Tones. Um ihn zu beschreiben, führt er als Beispiel an: Eine Mutter zeigt ihrem Kinde eine Maus, die plötzlich hervorkommt und sagt: „Sieh mal da, 'ne Maus (Mau-aus). Dieser Ton ist vielleicht ein Einwanderer aus Shanghai (auch vor der Bahnverbindung schon steter reger Verkehr auf dem Kaiserkanal!), der in Schantung an verschiedenen Orten bei verschiedenen Tönen untergebracht wurde. *Sötshuän* Ton 4 hat ganz ähnliche Kurvenform, erinnert aber wegen der größeren Schnelligkeit, mit der er gesprochen wird, mehr an Shanghai Ton 4 und an Peking Ton 3. Ob nicht vielleicht Ton 4 von Schantung-Nordost (Laidzhoufu) eine Reduzierung dieses Zirkumflex ist? Ton 4a—4a (Südschantung-Ost) entspricht dem *shang kü shöng* von Amoy und dem *zhu shöng* von Sötshuän, allenfalls auch noch dem *kü shöng* von Peking. Doch nähert sich letzterer, wie ich vorhin schon ausführte, bei meiner Versuchsperson mehr einem steil abfallenden Ton, so daß ich ihn eher mit dem *hiaping* von Schantung vergleichen würde. Dasselbe gilt von dem *shang zhu* von Amoy. Die Kurvenform täuscht hier. Die Geschwindigkeit des Apparates war eben leider nicht überall die gleiche.

2. Das Verhalten der Töne in Wortkomplexen.

Was die Veränderung der Tonhöhen in Zusammensetzungen anbelangt, so findet dieselbe in Südschantung fast überall in gleicher Weise statt. Nur eine Differenz konnte ich feststellen: Ton 3 wird in Südschantung-Ost anders verändert als in Südschantung-West. Wir kommen beim dritten Ton darauf zu sprechen.

Die hauptsächlichsten Regeln seien hier angegeben.

1. Ein akzentuiertes *shangping*-Wort geht vorauf.

a) *shangping* folgt auf *shangping*.

Der erste *shangping* bleibt steigend, zirkumflektiert aber oben; der zweite *shangping* wird ein fallender Ton.

S. die Kurve 1—1—1 von „*deigui*" Deutschland (Schantung-Süd). Vgl. die Kurve 2—2—2 von „*siänshöng*" Herr (Schantung-Nordost). S. 34.

b) Auf *shangping* folgt *hiaping*.

Der *shangping* bleibt steigend, doch ohne zu zirkumflektieren; der folgende *hiaping* wird ein ebener Mittel- oder Hochton: ╱¯. *guän*[1] *tsai*[2] Sarg.

Oft zieht jedoch der *hiaping* den Hauptakzent auf sich und bleibt dann hoher fallender Ton; der *shangping* hat einen Nebenakzent und bleibt steigend: ╱╲.

Beispiel: *guän*[1] *ming*[2] offizieller Name.

c) Auf *shangping* folgt *shangshöng*.

Der *shangping* bleibt steigend, der *shangshöng* eben: ╱¯.

Beispiel: *(tiän) hei*[1] *la*[3] es ist dunkel geworden.

d) Auf *shangping* folgt *küshöng*.

Der *shangping* bleibt steigend, der *küshöng* wird ebener Mittel- oder Hochton: ╱¯; *dzai shän*[1] *shang*[4] auf d. Berge. Oft behalten beide Töne ihren Charakter: ╱╲ Beispiel: *tiän*[1] *hia*[4] China.

2. Ein akzentuiertes *hiaping*-Wort geht vorauf. Der *hiaping* behält seinen hochfallenden Charakter; die folgende Silbe hat fallenden Tiefton.

Siehe die Kurve von *ti*² *ki lai* (an etwas erinnern).

Vgl. die Kurve von *hiai*² *dziang* Schuster (Sch. NO.).

Beim *hiaping* ist es gleichgültig, welcher Ton folgt. Er behält seine hochfallende Tendenz.

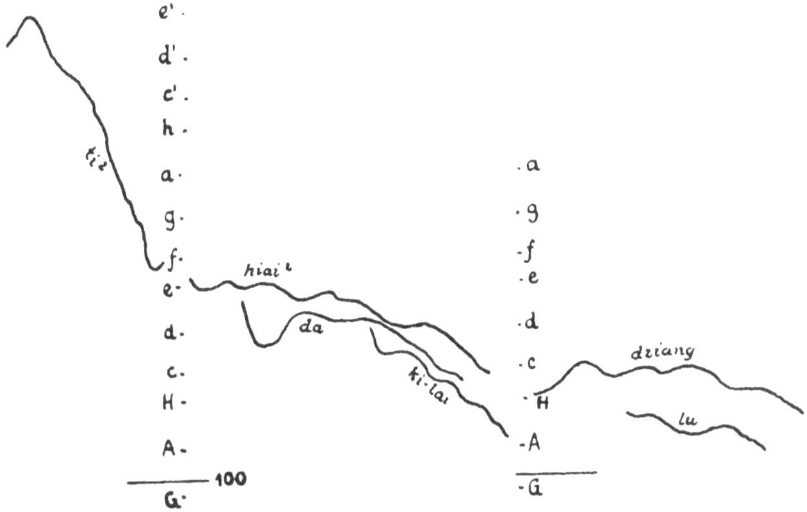

Kurvenzeichnuug 3.

Die Töne in Wortkomplexen.

3. Ein akzentuierter *shangshöng* geht vorauf. Hier scheiden sich nun Südschantung-Ost und Südschantung-West. Es ist gleichgültig, welcher Ton auf den *shangshöng* folgt.

a) Südschantung-Ost.

Der *shangshöng* fällt; das folgende Wort hat ebenen Mittelton. Beispiel: *ta hao*^{3} *la*^{3} er ist wieder gesund. Siehe die Kurve 4—4 in Kurvenzeichn. 4 von „*hao*^{3} *la*^{3}“ (Südschantung-Ost).

Vgl. die Kurve von „*bu*^{3} *shang*“ (auffüllen) in Wortkomplex aus Peking. K. 1—1.

b) Südschantung-West.

Der *shangshöng* wird steigend und zirkumflektiert oben; das folgende Wort hat fallenden Tiefton.

S. die Kurve von „*hao*^{3} *la*“ Südschantung-West, K. 2—2 in Kurvenzeichn. 4.

Vgl. die Kurve von „*hao*^{3} *la*“ Südschantung-Nordost (K. 3—3), wo dieselbe Tonveränderung auftritt. In Schantung scheint man also früher den *shangshöng* wie in Peking gesprochen zu haben, d. h. nach unten zirkumflektierend. In Wortkomplexen blieb hier der eine, dort der andere Arm des Zirkumflexes übrig.

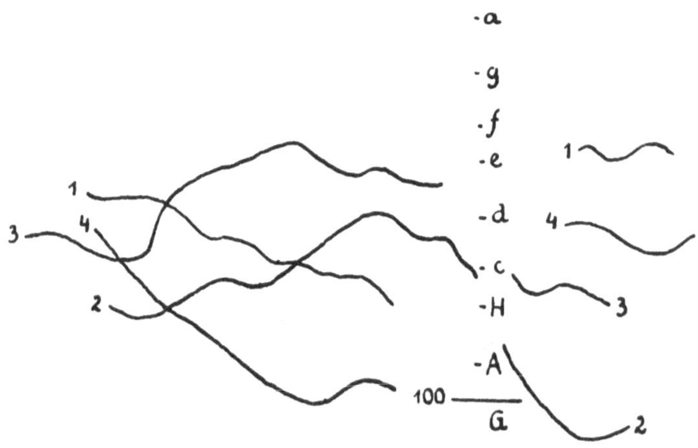

Kurvenzeichnung 4.

Die Töne in Wortkomplexen.

Wortkomplex „*hao*^{3}-*la*“ (2—2 Südsch.-West)
(3—3 Schant. Nord-Ost)
(4—4 Südsch.-Ost)
„ *bu*^{3}-*shang* (1—1) Peking.

4. Ein akzentuierter *küshöng* geht vorauf.

a) Auf *küshöng* folgt *shangping*.

Beide Töne bleiben: \/ *hiän*^{4} *guän*^{1} Kreismandarin.

b) Auf *küshöng* folgt *hiaping*.

Der *hiaping* zieht meist den Hauptakzent auf sich; der *kü-shöng* wird steigend durch Assimilation: / \ *fu*^{4} *yän*^{2} Weiberklatsch, *pao*^{4} *tshuän*^{2} Kanonenboot.

c) Auf *küshöng* folgt *shangshöng*.

Die Töne bleiben; *fu*^{4} *mu*^{3} Eltern (\¯).

d) Auf *küshöng* folgt *küshöng*.

Der erste *küshöng* wird hochtonig, bleibt aber fallend; das folgende Wort behält fallenden Tiefton: \\

Beispiel: dzai *lu*^{4} *shang*^{4} auf dem Wege. Nicht selten wird aber auch der erste *Kü-shöng* steigend; der zweite behält fallenden Tiefton: *yi*^{4} *fu*^{4} /\ Adoptivvater.

Vgl. die Kurve von „*da*^{4} *lu*^{4}“ (Schantung-Nordost). S. Kurvenzeichnung 3, S. 37. Über die Tonveränderungen im Peking-Dialekt vgl. Karlgren, Mandarin Phonetic Reader und Hopkins' Ausführungen in der englischen Übersetzung des „*Kuan hua chih nan*“.

3. Wichtigkeit der Töne für die gesprochene Sprache.

Wenn, wie wir gesehen haben, die Töne nicht einmal innerhalb einer einzigen Provinz ganz gleich gesprochen werden und wenn so viel Mühe, Zeit und Sorgfalt bei der Erlernung derselben nötig ist, wäre es da nicht besser, das Studium der Tonhöhen überhaupt beiseite zu lassen und dafür lieber die Zeit darauf zu verwenden, möglichst viele Charaktere kennen zu lernen und sich mehr die Kenntnis der Sitten und Gebräuche, der Philosophie, Geschichte, Kunst, kurz, der Kulturerscheinungen Chinas anzueignen? Diese Frage hat gewiß ihre Berechtigung. Ich möchte aber eine Gegenfrage stellen. Würden wir einen Franzosen oder andern Europäer tadeln, der sich zunächst einmal das Deutsche so gründlich aneignete, daß er nicht bloß Konsonanten und Vokale richtig ausspräche, sondern es sogar fertig brächte, den dem Deutschen eigentümlichen harten Absatz genau zu beachten und auch die deutsche Betonung, die von der französischen bekanntlich erheblich abweicht, so genau zu kopieren, daß wir glaubten, einen Deutschen vor uns zu haben? Ich glaube, wir würden eher freudig staunen und es ihm gern verzeihen, wenn er sich vorläufig auch recht wenig um Goethe, Schiller, Kant und Schopenhauer kümmern würde. Hätte er jedoch auch noch so viel in der deutschen Literatur sich umgesehen, würde er mit „Sprek Sie Daitsk?" an uns herantreten, ich glaube, bei den meisten von uns wäre sein Urteil schon gesprochen, noch bevor er weitere Kenntnisse zum Besten geben könnte. Nun, wie wir über den Franzosen urteilen würden, so urteilt der Chinese über den Europäer, der nicht ordentlich Chinesisch spricht. Die ersten Sätze, die wir sprechen, sind da manchmal schon entscheidend, besonders bei weniger Gebildeten. Sind sie falsch ausgesprochen, falsch akzentuiert oder falsch betont, dann verzweifelt der Zuhörer schon von vornherein, den Sprecher zu verstehen, sagt „*shö shö*" und damit basta. Viel Ärger und Verdruß erspart sich, wer gleich von Anfang an sowohl Laut wie Ton richtig sprechen lernt, daß er es versteht, z. B. *yän*^{1} Tabak von *yän*^{2} Salz zu unterscheiden; *yän*^{1} und *yän*^{2}, *da*^{3} und *da*^{4} etc. sind verschieden wie tot und Tat, wie Hammer und Hummer.

4. Methode für das Studium der Tonhöhen.

Daß beim Studium der Tonsprachen die Tonhöhen die größte Schwierigkeit für den Lernenden bilden, ist eine bekannte Tatsache. Manche lassen sich von vornherein abschrecken und lassen die Tonhöhen vollständig beiseite. Andere fangen zwar an, verlieren aber bald die Geduld und verzweifeln am Erfolg. Ihren Mißerfolg schreiben sie dann ihrem schlechten musikalischen Gehör zu. Mir scheint, das Studium der Töne hat mit der Musik an und für sich wenig zu tun. Die Töne werden nicht gesungen, sondern gesprochen. Die Chinesen haben im allgemeinen kein besonders gutes musikalisches Gehör und sprechen doch ihre Töne richtig. Wenn deshalb Grube in seiner Literaturgeschichte meint, daß neben langjähriger Übung ein feines musikalisches Gehör die Beherrschung der Tonhöhen bedinge, so ist das ein Irrtum, der gerade nicht dazu angetan ist, dem Lernenden Mut zu machen. Daß Übung notwendig ist, ist allerdings richtig, und zwar langjährige Übung, wenn man lernen will, die Töne auch innerhalb des Satzes richtig zu sprechen. Erleichtern kann man sich aber seine Aufgabe durch gute Vorübung. Diese fehlt uns Europäern leider, da wir in unseren Sprachen auf die Tonhöhe nicht zu achten brauchen, wenigstens nicht befürchten, daß wir bei schlechter Betonung mißverstanden werden. Ich möchte daher empfehlen, zunächst einmal auf die Tonhöhenbewegung in der eigenen Muttersprache achtzugeben und die vielen Schattierungen des Konversationstones mal eingehend zu untersuchen. Man achte also darauf, in welchem Tone man eine gewöhnliche Frage stellt, in welchem eine erstaunte Frage, in welchem Tone man antwortet, behauptet, befiehlt, tadelt, seinen Zweifel ausdrückt, mit welchem Tone man einen Fragesatz einleitet, mit welchem einen Behauptungssatz, mit welchem Tone man den Satz schließt, welchen Ton man verwendet, wenn man Gegenstände aufzählt usw. Man wird auf eine beträchtliche Menge von musikalischen Tönen stoßen, die man auch ohne feines musikalisches Gehör richtig spricht. Wo Gelegenheit dazu vorhanden ist, empfiehlt es sich auch, Kollegien über Tonhöhenbewegung in der gesprochenen Sprache zu besuchen, wie z. B. in Hamburg. Studenten der Afrikanistik und Sinologie seien darauf hingewiesen. Kann man einen eingeborenen Lehrer haben, so lerne man kein Wort, ohne auf den Grundton, keinen Satz, ohne auf den Satzton zu achten. Wer sich so, durch Vorübung geschult, stetig übt, wird sicher zur Beherrschung der Töne gelangen.

Stellung des Dialektes von Südschantung zum Peking-dialekt.

Bevor wir diese Stellung genauer fixieren, müssen wir nochmals darauf hinweisen, daß der Dialekt von Südschantung kein einheitliches Gebilde ist. Yidzhoufu-Land hat vieles mit der Sprache des gebirgigen Ostens und mit der von Tientsin gemein. So z. B. die alten Anlaute s, ts usw. vor i und ü (obwohl g und k vor i und ü schon zu dy und thy geworden), dann das Fehlen von zh (dafür y), altes ui statt ei in einigen Fällen, wie *nui* statt *nei* (innerhalb), *lui* statt *lei* (Donner). Der Dialekt von Tsaodzhoufu scheint auf Verwandtschaft mit Shänsi hinzuweisen; sh vor u fehlt, obwohl Formen wie pf statt tsh fehlen *(fumu* statt *shumu, fän* statt *shuän).* Die meiste Ähnlichkeit mit dem Peking-Dialekt hat die Sprache von Yändzhoufu. Vor i und ü sind g, k, dz, ts, s verdrängt durch dy etc. Die Formen zhu, zhö usw. kommen in denselben Wörtern wie in Peking vor. *ö̲* vor n kommt nicht vor: *men* statt *mön.* Bei Wörtern, die ursprünglich *zhushöng* hatten, weicht die Yänfuer Aussprache vielfach beträchtlich ab. So bevorzugt Yändzhuofu, wie ganz Südschantung, ei statt oa, öä, ai; weiß heißt *bẹi*, nicht *boa* oder *bai;* Tugend heißt *dẹi*, nicht *döä.* Farbe heißt *shẹi*, nicht *shai.* Es sind alles Wörter mit ursprünglichem *zhushöng.* Was die Töne betrifft, so scheint mir der Unterschied mehr hervorzutreten, wenn die Wörter allein stehen; in Wortverbindungen kommen ja auch in Südschantung die alten Formen der Töne vielfach wieder zum Vorschein. Töne 1 und 3 haben die Plätze gewechselt. Ich glaube, für jemand, der gerne die Sprache der Hauptstadt erlernen möchte, wäre es durchaus nicht ungünstig, wenn er zum Lehrer einen Literaten aus der Gegend von Yändzhoufu, Dzining, Küfu haben könnte. Die Lautunterschiede sind, vom Standpunkt des Chinesen betrachtet, minimal, und auf die Tonunterschiede kann sich ein geübtes Ohr ohne große Schwierigkeit einstellen. Mir ist es eben so leicht, in Yidzhoufu *hao?la, dzou?la* zu betonen, wie in Yändzhoufu *hao!!la, dzou!!la* zu sagen. Der Dialekt von Südschantung hat für uns Deutsche noch insofern eine besondere Bedeutung, als viele Missionare und Kaufleute deutscher Abstammung dort tätig sind. Es empfiehlt sich immer, den Dialekt zu erlernen, den man im Verkehr mit den Einheimischen nötig hat. Man will ja verstanden werden und dazu ist der jeweilige Dialekt das beste Mittel. Ich möchte noch hinzufügen, daß ich neuerdings auch einen Chinesen aus Honan traf. Laut und Ton waren bei ihm genau wie in Südschantung.

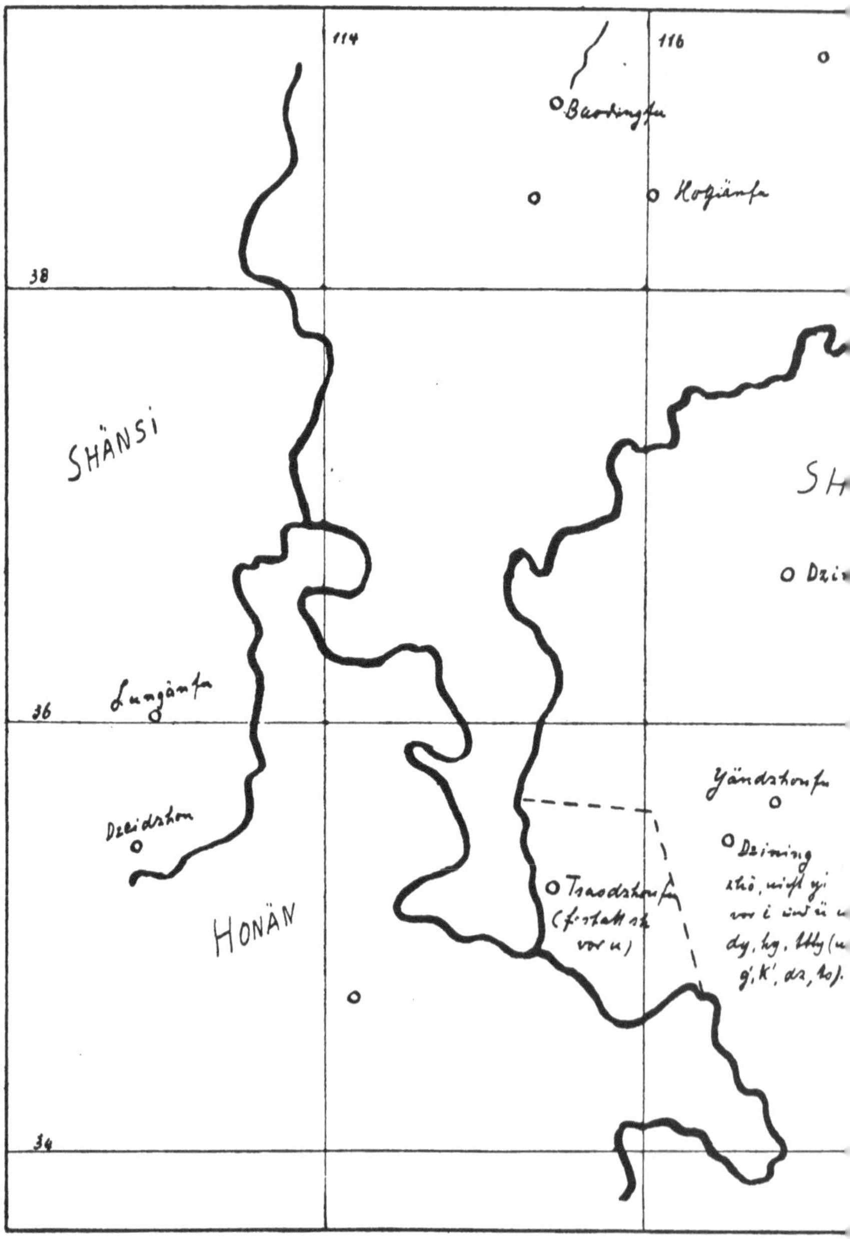
114
116
Baodingfu
Hogiänfu
38
SHÄNSI
36
Lungänfu
Dzeidshou
HONÄN
Yändshoufu
Dzining
Tsaodshoufu
34

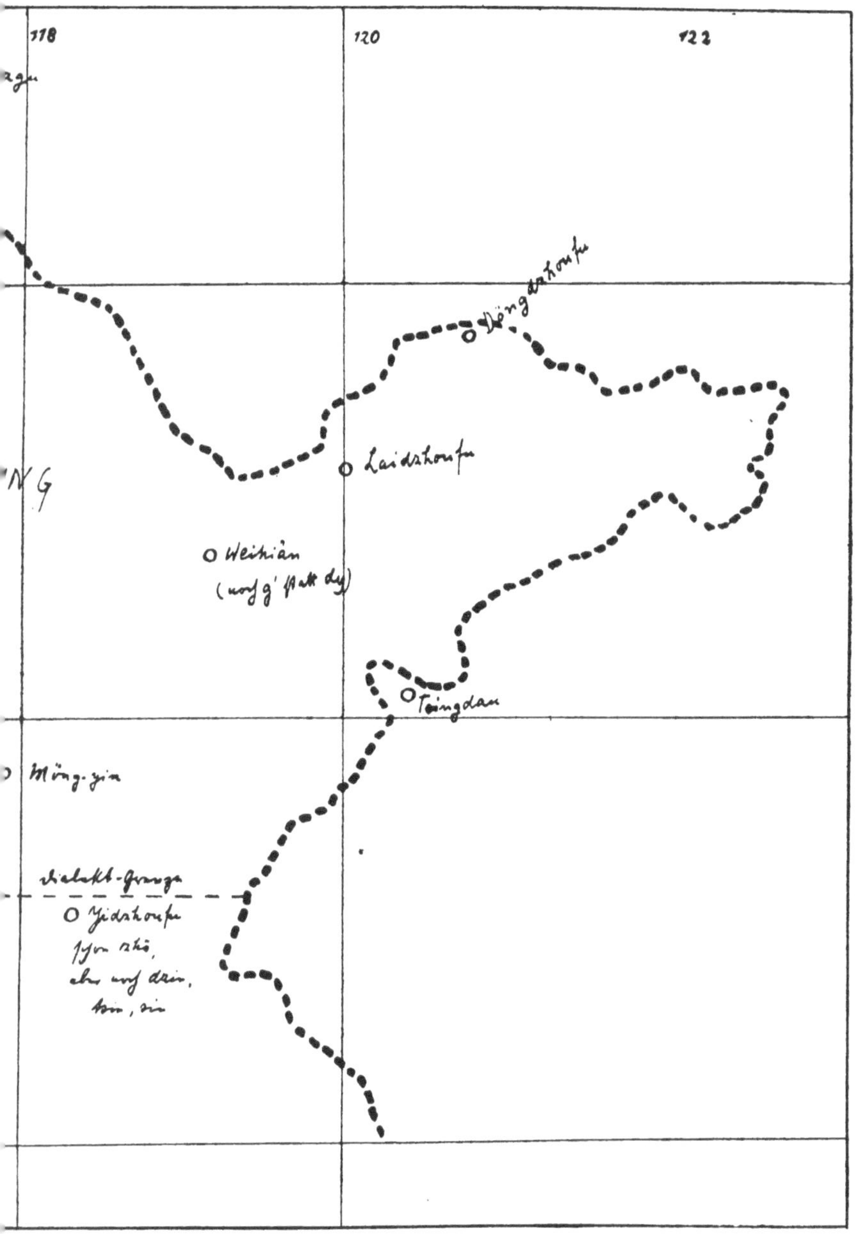
118
120
122
Laidshoufu
Weihiän
Tsingdau
dialekt-Grenze

Einige Bemerkungen zu „Deutsch-chines. Handwörterbuch" und P. Hesser, Deutsch-chinesische Grammatik.

Da sich obige Bücher in vielen deutschen Händen befinden, möchte ich auf einige darin enthaltene Irrtümer hinweisen.

Wenn zunächst P. Hesser sagt, daß g, d, b, wie k, t, p zu sprechen seien, so ist das eigentlich gegen seine ehrliche deutsche Überzeugung und wohl eine Konzession an die allgemeine englische und französische Schreibung, die er anscheinend für wissenschaftlicher hielt. Hätte er geahnt, daß man die Schreibung b, d, g wissenschaftlich rechtfertigen könnte, so hätte er obige Bemerkung gewiß für überflüssig gehalten. Was sonst die Umschrift der genannten Bücher anbelangt, so möchte ich auf folgendes aufmerksam machen: Die Silben *ban*, *dan* etc., lauten in Südschantung *bä̱n*, *dä̱n* usw. Reines a vor n kommt nicht vor. *bêi* = *bẹi; beng*, *deng* usw. = *bö̱ng*, *dö̱ng; biê*, *liê* = *biä̱*, nicht *bie̱*, *biö̯* oder gar *biö̱ä̱; dschôu*, *tshôu* usw. = *dzhọu*, *tshọu;* o ist nur o nach g, k̂, h (resp. k, k̂', h), w, ng. Die Schreibung *kuo*, *duo* usw. ist konventionell; *kuo* = *kuoa*, *duo* = *doa; yüo* = *yüoa* oder einfach *yoa; wuo* = *wo̱; schê*, *dschê* etc. = *shä̱*, *dzhä̱*, nicht *dzhoa* oder *dzhöä* etc.; *bien*, *lien* usw. = *biä̱n*, *liä̱n*, nicht *bie̱n*, *lie̱n; yün*, *hün* etc. = *yü̱i̱n*, *hyü̱i̱n*, nicht *yü̯n*, *hyü̯n* oder *yü̱n*, *hyü̱n*, und zwar überall, nicht bloß in Südschantung, sondern auch in Peking und Nanking.

Im übrigen sind obige Bücher recht brauchbare Hilfsmittel.

Vergleichung der englischen, französischen und deutschen „mediae“ und „tenues“ mit nordchinesischem *b*, *d*, *g* und *p*, *t*, *k*.

Während die englischen und französischen mediae schon weit vor der Explosion Stimmschwingungen aufweisen, wenn man einen Kehltonschreiber benutzt, werden die deutschen mediae erst stimmhaft im Moment der Explosion. Sie stimmen darin überein mit nordchinesischem *b*, *d*, *g*. Im Inlaut (bei Wortkomplexen wie haodi, hiaidziang) sind diese chinesischen Laute sogar bedeutend stimmhafter als die entsprechenden anlautenden deutschen Konsonanten. Englisch. und französ. k, p, t sind vollkommen stimmlos; erst nach der Explosion zeigen sich Schwingungen, die natürlich nur vom folgenden Vokal herrühren können. Norddeutsches *p*, *t*, *k* ist gewöhnlich etwas gehaucht, aspiriert. Obwohl die Aspiration bei den nordchinesischen Lauten, die ich mit *p*, *t*, *k* wiedergebe, stärker ist als bei deutschem *p*, *t*, *k*, so ist eben doch kein Wesensunterschied vorhanden, und wir sind somit berechtigt, das Zeichen für die Aspiration wegzulassen, zumal der große Unterschied dieser aspiratae von den im Anlaut schwach, im Inlaut stärker stimmhaften *b*, *d*, *g* durch letztere Schreibung hinreichend gekennzeichnet ist. Kämen für das Nordchinesische noch solche Anlaute in Betracht, die ähnlich stimmhaft wären wie englisches und französisches *b*, *d*, *g*, so wäre die Schreibung *b*, *p*, *ph* angebracht, wie z. B. in Amoy. Da das nicht der Fall ist, empfiehlt es sich, die schwach stimmhaften Anlaute durch *b*, *d*, *g*, die aspirierten Laute durch *p*, *t*, *k* darzustellen, wie neuerdings Othmer-Lessing, Wilhelm und andere auch tun. Es ist das wissenschaftlich durchaus berechtigt. Ich bemerke jedoch: ein Franzose schreibt besser p, k, t. Trotzdem bemerkt Wieger für die Laute mit *k*, *t*, *p*: „beaucoup plus doux que le k français, à peu près comme g dans gain“, „beaucoup plus doux que le t français, un peu plus dur que le d dans douleur“; „beaucoup plus doux que le p français, un peu plus dur que b dans boule. Vgl. noch die Bemerkung Karlgrens Phon. Ch. p. 261: Quelques auteurs, p. ex. M. Courant, identifient ce son au p français. De l'autre côté, non seulement moi-même je suis fort disposé à regarder ce phonème comme un „b sourd“, faiblement articulé..., mais encore il y a au moins un Français de naissance, expert en Chinois parlé, M. Pelliot, qui est du même avis“.

1. Französisches *b* in der Silbe *ba*.
b ist vollständig stimmhaft.

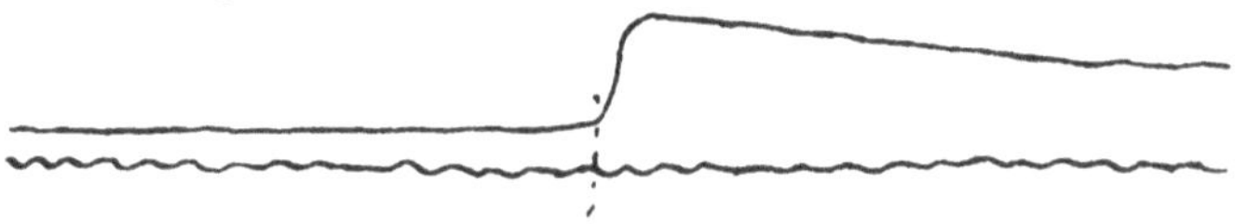

2. Französisches *p* in der Silbe *pa*.
Die Schwingungen beginnen kurz nach Beginn der Explosion. Zur letzteren gehören noch ein bis zwei Schwingungen. × Beginn der Explosion. ╒ Beginn der Schwingungen.

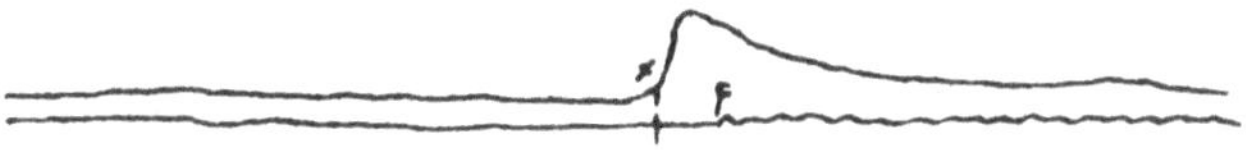

3. Englisches *p* in *pat*.
p ist vollständig stimmlos. × Explosion. ╒ Beg. der Schwingungen.

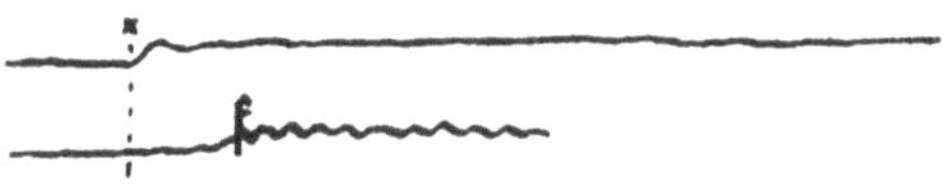

4. Deutsches *b* in Bach.
b wird stimmhaft im Moment der Explosion. „Chez la plupart des Allemands, surtout ceux du centre et du sud, les vibrations laryngiennes (Stimmschwingungen im Kehlkopf) ne se produisent qu'au moment de l'explosion". (Rousselot, Précis de pron. franç. S. 63.)

Zu 4.

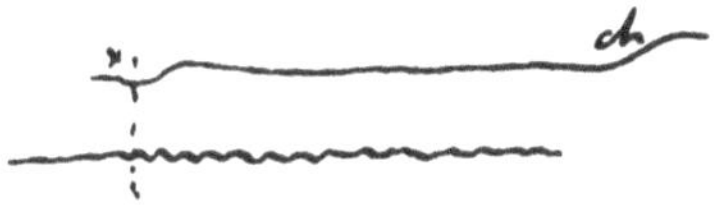

5. Nordchinesisches *b* in *bu* (reparieren)
b wird stimmhaft im Moment der Explosion, genau wie deutsches *b*. (Vp.: Herr Kao (Shantung), Herr Lu (Peking).

Zu 5.

Schlußfolgerung: Norddeutsches b ist für die Wiedergabe des entsprechend. nordchines. Anlautes am besten geeignet. Die Franzosen schreiben besser *p*, da ihr *p* dem nordchines. Anlaut näherkommt als franz. *b*. Für die Engländer ist es ziemlich gleichgültig, ob sie Peking oder Beking schreiben; wenn sie sprechen, wie sie schreiben, wird's in jedem Falle falsch. Für *d* und *g* liegen die Verhältnisse ganz gleich. Die Darstellungen zu 1, 2, 3 sind genommen aus Rousselot, Précis de prononc. franç., S. 49ff. Vp. zu 4: Herr Dr. Heinitz (Hamburg).

Anhang.

Die Töne in Nordost-Schantung, Peking, Sötshuän, Amoy und Canton

A. Die Töne in Nordostschantung.

1. Die vier Grundtöne. (S. Kurvenzeichnung 5).

Die vier Grundtöne von Nordostschantung (Laidzhoufu) erwähnten wir schon, als wir die Töne von Südschantung behandelten. Wir haben gesehen, daß der erste Ton *(shangping)* zwar auch ansteigt, doch nicht so viel wie in Südschantung, wo die Kurve mehr dem zweiten und dritten Ton von Peking und dem zweiten von Amoy entspricht. Der *shangping* neigt zur Zirkumflexion, wie in Südschantung (s. die Kurven von *siänshöng* und *deigui* bei den Wortkomplexen). Der *hiaping* fällt, jedoch nicht so stark wie in Südschantung. Die Kurve von Südschantung-Süd hat mehr Ähnlichkeit mit den Kurven des *shangping* von Canton und Shanghai. Als ich letztere zum ersten Mal hörte, wurde ich auch sofort an den *hiaping* von Südschantung erinnert. Der *shangshöng* ist, wie in Südschantung und in Shanghai, ein ebener Mittelton. Starke Abweichung haben wir beim vierten Ton. Die Kurven steigen um eine Terz oder Quart. Dieser Ton ist leicht zu verwechseln mit dem *shangping*. Der Unterschied besteht nur darin, daß der *küshöng* bedeutend tiefer einsetzt. Ich halte, wie schon bemerkt, Ton 4 von Laidzhoufu für eine Reduzierung der fallend-steigenden Schattierung dieses Tones in Südschantung-West. Der erste Arm ist in Laidzhoufu fortgefallen. Ton 1 und Ton 4 dürften im Laufe der Zeit zusammenfallen. Ton 1 ist, wie mir scheint, eine Übergangsform aus dem ursprünglich ebenen *shangping* in einen steigenden Ton. In Südschantung ist diese Steigung schon sehr ausgeprägt. In Tsinanfu scheint die Steigung noch nicht alle Wörter des *shangping* ergriffen zu haben. Prof. Forke erwähnt, daß einige *shangping*-Wörter eben, andere steigend gesprochen würden. Meine Versuchsperson für Nordostschantung, Herr Kao aus Laidzhoufu, ist schon lange von der Heimat fort, war längere Zeit in Peking und scheint mir etwas vom Peking-Ton beeinflußt zu sein. Es fiel mir das bei Wortkomplexen besonders auf. So sprach er z. B. den *hiaping* in Wortkomplexen einige Male steigend, wie die Pekinger. Was die Kurven auf der Kurvenzeichnung betrifft, so entsprechen sie jedoch jedenfalls den Tonverhältnissen in Laidzhoufu, da die von den Pekinger Kurven direkt abweichen, also letztere nicht nachahmen.

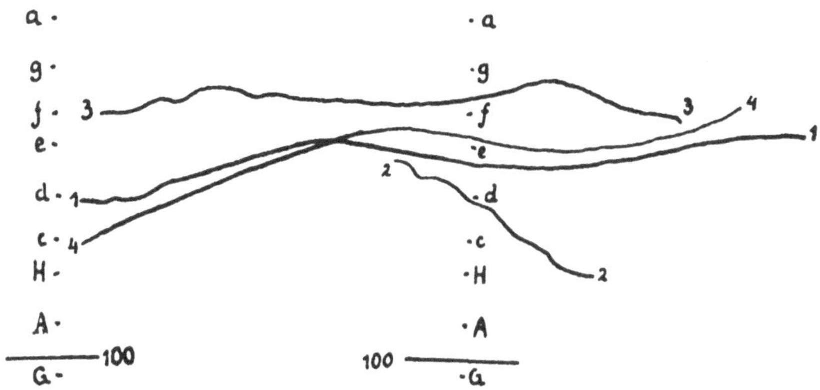

Kurvenzeichnung 5.

Die Töne in Nordost-Schantung *(Lai-dzhou-fu)*.

Erläuterung: Fig. 1—1 = *shang ping* („hoher ebener")
„ 2—2 = *hia ping* („tiefer ebener")
„ 3—3 = *shang shŏng* („steigender Ton")
„ 4—4 = *kü shŏng* („fallender Ton")

Tendenz der Kurven 1, 2, 3 wie in Südschantung; Kurve 4 stark abweichend.

Herr Kao sprach die Worte: *tiän*¹, *zhen*², *ma*³, *siau*⁴
Himmel Mensch Pferd lachen

2. Tonwandel im Satze.

Den akzentuierten *shangping* spricht Herr Kao immer mit Zirkumflexion (am Ende des Tones), nicht bloß, wenn *shangping* auf *shangping* folgt, wie es in Südschantung der Fall ist. So zirkumflektiert die Kurve für *gän¹dzing⁴* (rein) ebenso wie die in Kurvenz. 2 angegebene Kurve 2—2—2 (S. 49) von *siän¹shöng¹*. In einigen Fällen sprach er auch den akzentuierten *hiaping* zirkumflektierend, jedoch ist hier die Beeinflussung von Peking offenkundig. Sonst spricht er den akzentuierten *hiaping* fallend, wie auch die Kurve von *hiai²dziang⁴* (Seite 49) dartut. Den akzentuierten *shangshöng* spricht Herr Kao wie die Leute von Yändzhoufu, also nach oben zirkumflektierend, wie beim akzentuierten *shangping*, also nicht wie die Leute von Yidzhoufu, die in diesem Falle den *shangping* als fallenden Tiefton sprechen (also nur noch den fallenden Arm des ursprünglich wohl fallend-steigenden *shangshöng* zur Geltung kommen lassen, während der steigende Arm ersetzt zu sein scheint durch den Hochton des folgenden Wortes). Vgl. die Kurve 3—3 von „*haola*“. (S. 37). Südschantung-West zirkumflektiert wie Schantung-Nordost; Südschantung-Ost fällt wie Peking (Kurve *bu³shang*, S. 37). Ton vier erhält in Wortkomplexen wieder die ursprünglich fallende Form. Die steigende Form der Einzelwörter kommt gar nicht in Betracht. Es ergeht derselben genau wie der fallend-steigenden Form von Südschantung-West. Die Kurve von *da⁴ lu⁴* (Landstraße) ist ein typisches Beispiel für Südschantung sowohl wie für Laidzhoufu. Sie gilt zunächst aber nur für die Kombination *küshöng* + *küshöng*. Leider fehlte die Zeit, für die anderen Kombinationen *(küshöng + shangping, küshöng + hiaping, küshöng + shangshöng)* Aufnahmen zu machen. Ich hoffe, das später nachholen zu können. Es kam mir auch hauptsächlich darauf an, die Tonveränderungen in Südschantung durch Beispiele aus Nordschantung illustrieren zu können, was mir ja hinreichend gelungen ist. Ich möchte noch auf eine Eigentümlichkeit bei Herrn Kao hinweisen, die ich bei anderen nicht beobachtet habe: er neigte zum Gruppenton, wenn er Worte oder Wortkomplexe mehrmals hintereinander hersagte; seine Stimme fiel am Schluß, wie im Deutschen. Da ich das gleich anfangs bemerkte, konnte ich mich danach richten. Ich mache auf diese Eventualität eigens aufmerksam.

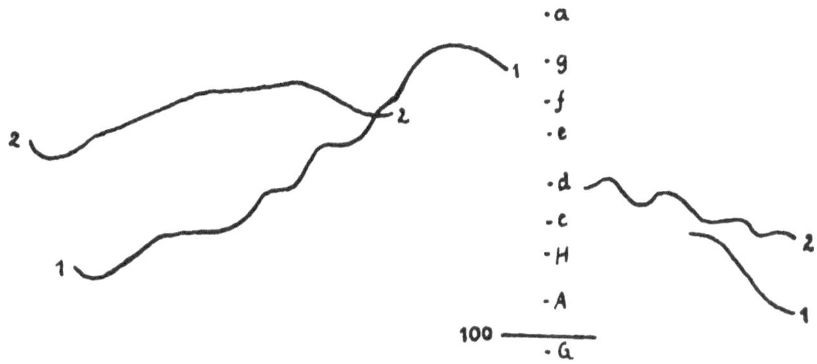

Kurvenzeichnung 2.
Die Töne in Wortkomplexen. Shangping folgt auf shangping

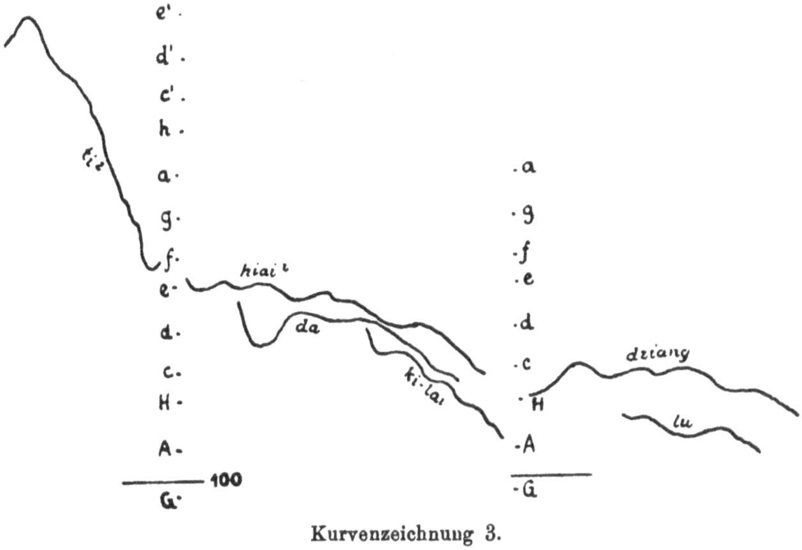

Kurvenzeichnung 3.
Die Töne in Wortkomplexen.

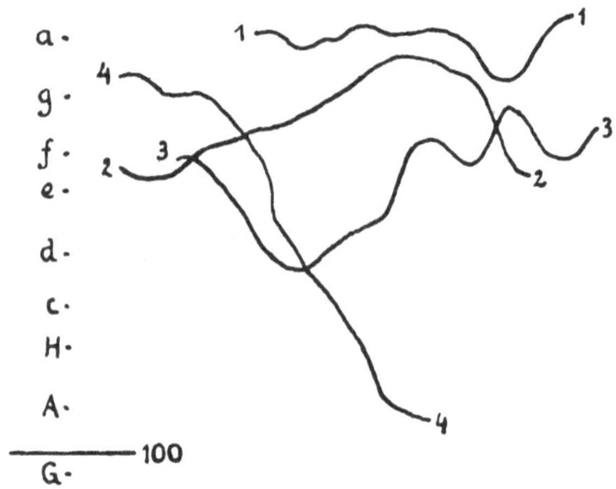

Kurvenzeichnung 6.

Die Töne in Peking.

Erläuterung:

Fig. 1—1 = *shang*^{4} *ping*^{2} („hoher ebener"). Der Name entspricht hier noch dem Wesen des Tones.

Fig. 2—2 = *hia*^{4} *ping*^{2} („tiefer ebener"). Der Ton ist steigend-fallend geworden. Nach Karlgren kommt noch eine zweite Schattierung von 2 (nur steigend) in Peking vor. Vgl. Kurvenzeichnung 1, Fig. 1—1 (Südschantung).

Fig. 3—3 = *shang*^{3} *shöng*^{1} („steigender Ton"). Der Name entspricht noch dem Wesen.

Fig. 4—4 = *kü*^{4}*-shöng*^{1} („gehender = fallender) Ton. Vgl. Kurvenzeichnung 1, 4a—4a (Südsch.-Ost). Während jedoch letzterer Ton ein sanft abgleitender Ton ist, macht der Pekinger *kü-shöng* auf mich den Eindruck eines steil fallenden Tones.

B. Die Töne in Peking.

Versuchsperson war Herr Lu, dessen Familie schon lange in Peking ansässig ist. Er ist sonst nirgendwo in China gewesen und ist seit ein paar Jahren in Deutschland. Er sprach die Wörter: *tiän*[1] Himmel, *zhen*[2] Mensch, *mu*[3] Mutter, *di*[4] Erde. (Das d wurde stimmhaft im Moment der Explosion.) Den ersten Ton *(shangping)* spricht er als ebenen Ton. Den *hiaping* spricht er, im Gegensatz zur Versuchsperson des Herrn Karlgren, steigend, und zwar mit einer Neigung zur Zirkumflexion am Ende des Tones. Die Zirkumflexion ist bei den einzelnen Kurven verschieden, hie und da ganz minimal, doch immer vorhanden. (Von jedem Ton habe ich ein Traçé, etwa 7—9 Kurven). Karlgren sagt, die steigende Form des *hiaping* scheine in Peking doch häufiger vorzukommen. Seine eigene Kurve des *hiaping* ähnelt derjenigen von Schantung. Daß der *hiaping* nach oben zirkumflektiert, möchte ich als Hauptcharakteristikum bezeichnen gegenüber dem *shangshöng*, der unten zirkumflektiert und allerdings auch mit seinem steigenden Hauptarm um eine kleine Terz tiefer einsetzt. Die verschiedene Art des Zirkumflektierens hat große Bedeutung für die Wortkomplexe. Hat nämlich der *hiaping* den Hauptakzent, so hat das folgende Wort fallenden Ton; hat der *shangshöng* den Akzent, so hat das folgende Wort steigenden Ton oder Hochton. (Vgl. die Kurve *bushang* bei den Wortkomplexen, S. 37.) Der absteigende Arm des *shangshöng* ist bei meinen Kurven auch bald mehr bald minder ausgeprägt, jedoch immer vorhanden. Karlgren weist darauf hin, daß Courant ihn nicht bemerkt hat, wie dessen Noten dartun. Man sieht auch hier wieder die Überlegenheit des Apparates gegenüber dem Gehör. Für den vierten Ton *(küshöng)* hätte ich noch gerne eine zweite Versuchsperson gehabt, um über das Fallen dieses Tones mehr Klarheit zu gewinnen. Herr Lu spricht mehr einen steil fallenden Hochton als einen sanft abgleitenden Tiefton. Die Noten von Courant suggerieren letztere Schattierung. Auch Prof. Forke sagt, daß der 4. Ton langsam abwärts gleite. Dann wäre er identisch mit dem *küshöng* von Südschantung-Ost. Auf mein Ohr machte er sogleich den Eindruck des steilfallenden *hiaping* von Schantung. Sollte es etwa noch in Peking einen hohen und einen tiefen *küshöng* geben? In Sötshuän soll das noch der Fall sein. Karlgrens Kurve gibt auch keine Klarheit. Sie beginnt, wie die meinige, mit g. Karlgren sagt, der Ton sei kurz. Soll das steil fallend heißen? Jedenfalls wäre der *küshöng* noch näher zu untersuchen.

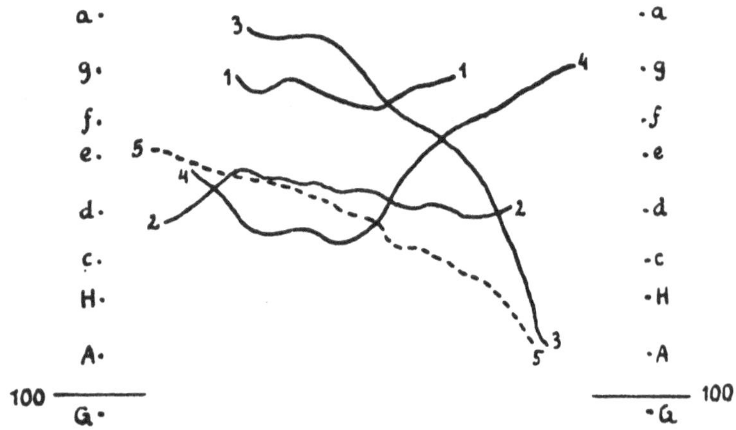

Kurvenzeichnung 7.

Die Töne in *Sö-tshuän.*

Erläuterung:

Fig. 1—1 = *shang⁴ ping* („hoher ebener"). Vgl. Ton 1 in Peking.

Fig. 2—2 = *hia⁴ ping* („tiefer ebener"). Der Name entspricht noch in etwa dem Wesen. Das Fallen ist minimal.

Fig. 3—3 = *shang³-shöng* („steigender Ton"). Tatsächlich ein hoher fallender Ton. Vgl. den dritten Ton von Amoy und Ton 2 von Schantung.

Fig. 4—4 = *kü shöng* („gehender = fallender Ton"). Hat große Ähnlichkeit mit dem *kü-shöng* von Shanghai; weicht von Ton 2 in Shanghai und Ton 4 in Yändzhoufu ab durch das schnelle Zirkumflektieren.

Fig. 5—5 (schraffiert) = *zhu shöng* („eingehender Ton"). Vgl. den *shang-kü-shöng* von Amoy und Ton 4 von Südsch.-Ost.

C. Die Töne in Sötshuän.

Versuchsperson für Sötshuän war Herr Lektor Tsöng (Berlin), der sich mir während seines kurzen hiesigen Aufenthaltes bereitwillig zur Verfügung stellte. Er erinnert sich noch gut, wie die Töne in seiner Heimat gesprochen werden. Herr Tsöng kennt fünf Töne. Er sprach die Wörter: *tiän*^{1} Himmel, *zhen*^{2} Mensch, *mu*^{3} Mutter, *di*^{4} Erde, *tiä*^{5} Eisen.

Den *shang-ping* spricht Herr Tsöng als hohen ebenen Ton. Er entspricht genau dem *shangping* von Peking. Der chinesische Name paßt also noch für beide Dialekte.

Der *hia-ping* fällt, aber ganz minimal; ich hielt ihn, als Herr Tsöng ihn zuerst sprach, für identisch mit dem tiefen (ganz ebenen) *hiaping* von Canton. Man kann sagen, daß beim *hiaping* von Sötshuän der Name dem Wesen noch recht gut entspricht.

Der *shang-shöng* macht seinem Namen keine Ehre. Er steigt nicht, sondern fällt; er ist ein hoher fallender Ton. Er entspricht genau dem *shangshöng* von Amoy und ähnelt dem *küshöng* von Peking (wie meine Versuchsperson ihn sprach), dem *hiaping* von Schantung und dem *shangping* von Shanghai und Canton.

Der *kü-shöng* ist ein schnell gesprochener Zirkumflex (fallend-steigend). Das Fallen ist ein wenig mehr ausgeprägt als beim dritten Ton in Peking, mit dessen Kurvenform der Ton Ähnlichkeit hat. Vergleicht man den Ton mit dem *küshöng* und dem *hiaping* von Shanghai, so sieht zwar die Kurve des *hiaping* von Shanghai der Kurve des *küshöng* von Sötshuän etwas ähnlicher; da letzterer aber schneller gesprochen wird, gewinnt das Ohr mehr den Eindruck des *küshöng* von Shanghai.

Der *zhu-shöng* von Sötshuän macht auf mich den Eindruck der tiefen, sanft abgleitenden Töne 4 von Amoy und Südschantung-Ost. Er setzt ein ungefähr auf derselben Höhe von Ton 2; fällt aber bedeutend tiefer. Der Endkonsonant (p, k, t) ist abgefallen, und so dürfte dieser Ton im Laufe der Zeit mit dem *hiaping* zusammenfallen.

Herr Tsöng kennt nur diese 5 Töne. Das französische Wörterbuch von Sötshuän gibt auch nur 5 Töne an, sagt aber, daß einige Autoren (welche ?) acht Töne annehmen. Es bemerkt noch, daß es für das Ohr sehr schwierig sei, einen doppelten *shangshöng* und einen doppelten *zhushöng* zu konstatieren; beim vierten Ton sei es leichter. Leider sah ich diese Bemerkung erst, als Herr Tsöng abgereist war, sonst wäre ich der Sache gleich auf den Grund gegangen.

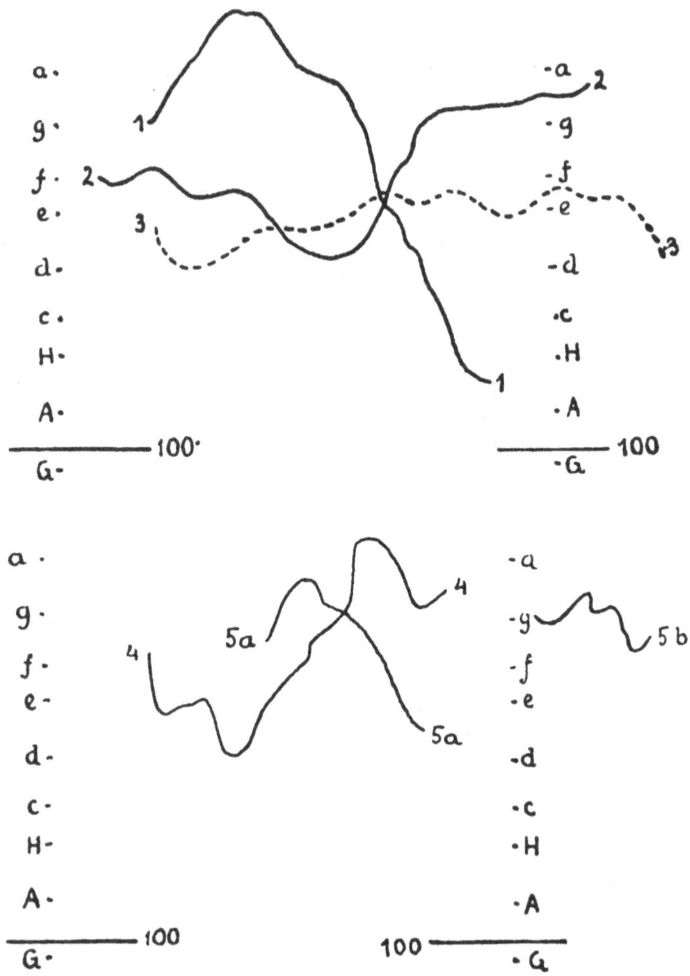

Kurvenzeichnung 8 u. 9.

Die Töne in Shanghai.

Kurve 1—1 = *shang ping* („hoher ebener"). In Wirklichkeit ein hoher fallender Ton mit anfängl. leichter Steigung. — Kurve 2—2 = *hia ping* („tiefer ebener"). Ein l a n g s a m fallend-steigender Ton, wie Ton 4 in Südsch.-West. — Kurve 3—3 = *shang*^{3}-*shöng* („steigender Ton"). Tatsächlich ein ebener Ton wie Ton 3 in Schantung. — Kurve 4—4 = *kü-shöng* („gehender=fallender Ton"). Fällt und steigt s c h n e l l, wie Ton 3 in Peking. — Kurve 5a—5a = *shang*^{4} *zhu shöng* („hoher eingehender Ton"). Man hört einen schnell fallenden Tiefton. — Kurve 5b = *hia*^{4} *zhu shöng* („tiefer eingehender Ton"). Man hört einen kurzen hohen ebenen Ton, ohne eine Bewegung innerhalb des Tones wahrzunehmen.

D. Die Töne in Shanghai.

Versuchsperson war Herr Ku, gebürtig aus Shanghai. Zwar schon lange von der Heimat fort (er war in Japan und Peking), glaubt er doch, die Töne seiner Heimat noch richtig wiederzugeben. Diesen Eindruck gewann ich auch sofort, da er durchaus konstant und konsequent war in der Aussprache.

Herr Ku spricht den *shang-ping* als hohen fallenden Ton. Ich wurde sogleich erinnert an den *hiaping* von Südschantung. (Vgl. die beiden Kurven.)

Den *hiaping* spricht er zirkumflektierend, langsam fallend und steigend. Dieser Ton trat mir sogleich als alter Bekannter von Südschantung-West entgegen; dort wird er mit *küshöng* tituliert. Diese Schattierung habe ich sonst nirgends angetroffen. Das Charakteristische liegt in dem langsamen Fallen und Steigen. Vermutlich ist dieser Ton, wie ich schon erwähnte, von Shanghai nach Schantung eingewandert. S. die beiden Kurven.

Der *shangshöng* von Shanghai entspricht dem *shang-shöng* von Schantung. Nur hat der von Shanghai etwas Weinerliches, Resigniertes an sich.

Der *kü-shöng* ist schnell fallend und steigend, schneller als der küshöng von Sötshuän. Er ähnelt dem dritten Ton von Peking. Vgl. die beiden Kurven. Am Schlusse konstatieren wir noch ein kleines, bedeutungsloses Fallen.

Dr. Edkins spricht davon, daß man in Shanghai einen doppelten *shangshöng* und einen doppelten *küshöng* kenne. Der eine werde in einer höheren, der andere in einer tiefen Stimmlage gesprochen. Die tiefere Stimmlage sei reserviert für die mediae, die höhere für die tenues. Vielleicht bietet sich mir noch Gelegenheit, dies näher zu untersuchen. Beim *zhu-shöng* konnte ich eine doppelte Schattierung feststellen. Der *shang-zhu* macht den Eindruck des um eine Kleinigkeit höheren Tones. Er steigt minimal, um dann etwas mehr zu fallen. Dr. Edkins nennt ihn „a short syllable, high and deflected upwards.“

Der *hia-zhu* macht auf mich den Eindruck eines gegen den *shangzhu* um eine Sekunde tieferen, ebenen Tones. Edkins nennt ihn „a lower short rising tone“. Diese „Steigung“ nimmt selbst Herrn Heinitz' geübtes Ohr nicht wahr. Herr Ku sprach die Wörter: *ti* (Himmel), *niɪng* (Mensch), *yung* (tapfer), *di* (Erde), *bak* (hundert), *zuk* (Dieb).

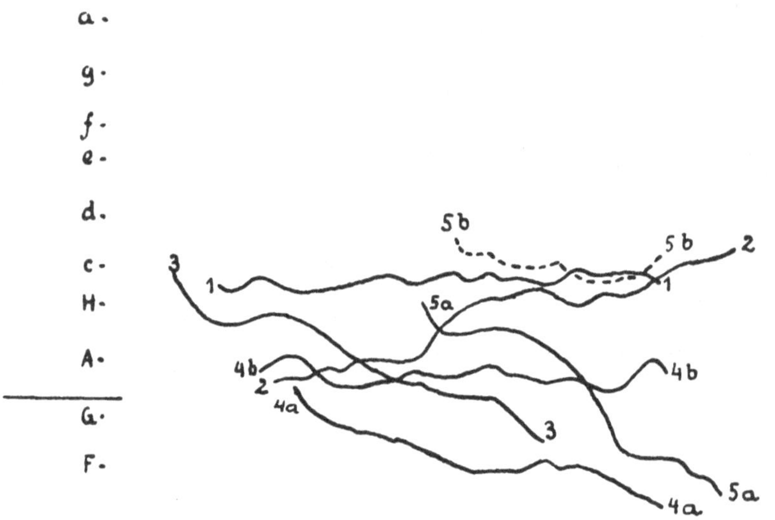

Kurvenzeichnung 10.

Die Töne in Amoy und Fudzhou.

Erläuterung:

Fig. 1—1 = *shang ping* („hoher ebener"). Wie in Peking und Sötshuän.

Fig. 2—2 = *hia ping* („tiefer ebener"). Der Ton steigt schnell. Entspricht Ton 1 in Schantung.

Fig. 3—3 = *shang*[3] *shöng* („steigender Ton"). Ist ein schnell fallender Hochton. Wie Ton 3 in Sötshuän, wie Ton 2 in Schantung.

Fig. 4a—4a = *shang*[4]*-kü-shöng* („hoher fallender Ton"). Ist ein langsam fallender Tiefton; etwas tiefer als Ton 4 in Südsch.-Ost.

Fig. 4b—4b = *hia-kü-shöng* („tiefer fallender Ton"). Ist ein hoher ebener Ton. Wie Ton 3 in Shantung und Shanghai. (Vp. hat sehr tiefe Stimmlage!).

Fig. 5a—5a = *shang-zhu-shöng* („hoher eingehender Ton"). Ein schnell fallender Hochton. Ähnlich wie Ton 3.

Fig. 5b—5b = *hia-zhu-shöng* („tiefer eingehender Ton"). Ein hoher, kurzer, ebener Ton.

Bemerkung: In Fudzhou haben *hiaping* und *shang-kü* die Plätze gewechselt.

E. Die Töne in Amoy und Fudzhou.

Versuchsperson für Amoy war Herr Tshen, gebürtig aus der Stadt Amoy. Er ist seit zwei Jahren in Hamburg und von Amoy gleich hierher gekommen. Er sprach die Wörter: *thien*^{1} Himmel, *chin*^{2} Mensch, *bo̤*^{3} Mutter, *chhiau*^{4a} lachen, *ti̤*^{4b} Erde, *chhat*^{5a} erforschen, *sit*^{5b} essen. Herr Tsiu sprach dieselben Wörter.

Den *shang-ping* spricht Herr Tshen als ebenen Mittelton. Er hat sehr tiefe Stimmlage; alle Töne sind daher bei ihm um etwa eine Quint zu erhöhen (wie es in der Notenbeilage geschehen ist).

Der *hiaping* ist bei Herrn Tshen steigender Ton; er entspricht etwa dem *hiaping* von Peking.

Der *shang-shöng* ist ein hoher, steil fallender Ton, wie in Sötshuän. Er entspricht auch dem *hiaping* von Südschantung und dem *küshöng* von Peking (wie meine Versuchsperson ihn spricht). Eine Unterabteilung in *shang-shang* und *hia-shang* kennt Herr Tshen nicht.

Der *kü-shöng* zerfällt in *shang-kü* und *hia-kü.*

Der *shang-kü* gleitet sanft abwärts, wie der *kü-shöng* von Südschantung-Ost. Doch ist die Stimmlage bei letzterem um eine Kleinigkeit höher.

Der *hia-kü* ist ein ebener Ton, und zwar mehr Tiefton als Mittelton. Er entspricht dem *hia-kü-shöng* von Canton. Der *zhu-shöng* teilt sich gleichfalls in *shang-zhu* und *hia-zu.*

Der *shang-zhu* ist ein steil fallender Ton, wie der *shangshöng*, setzt etwas tiefer ein. Er scheint den Platz gewechselt zu haben mit dem folgenden *hia-zhu*, der als hoher ebener Ton anzusprechen ist. Während in Shanghai die Endkonsonanten bei den *zhushöng*-Wörtern schon abgefallen sind, finden wir sie in Amoy als nicht mehr explodierende Laute noch erhalten.

Die Töne in Fudzhou lauten wie in Amoy, nur haben *hiaping* und *shang-kü* die Plätze gewechselt. Die Tonverhältnisse in Fudzhou sind denen von Sötshuän sehr ähnlich.

Versuchsperson für Fudzhou war Herr Lektor Tsiu (Hamburg). Er ist nicht aus der Stadt Fudzhou gebürtig, sondern vom Lande. Er entsinnt sich noch recht gut der Töne seiner Heimat.

Die Gesamtzahl der Grundtöne für Amoy und Fudzhou ist 7. Carstairs Douglas beschreibt die Amoy-Töne wie folgt: *shangping:* hoch eben; *hiaping:* fallend-steigend (das Fallen vermisse ich bei Herrn Tshen); *shang-shöng:* hoch-fallend; *shang-kü:* tief fallend; *hia-kü:* tief eben; *shang-zhu:* fallend; *hia-zhu:* steigend. In meiner Kurve ist beim *hiazhu* keine Steigung vorhanden; ebensowenig eine „kurze Steigung“ zu Beginn des *shangshöng* und des *shangzhu.*

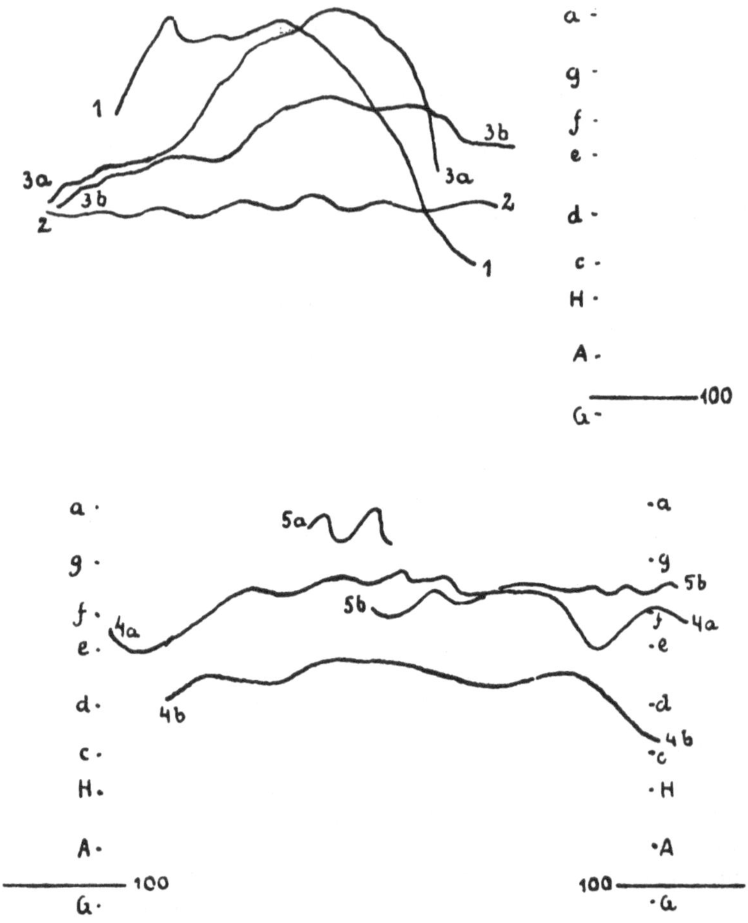

Kurvenzeichnung 11 u. 12.

Die Töne in Canton.

Fig. 1—1 = *shang ping* („hoher ebener").
„ 2—2 = *hia ping* („tiefer ebener").
„ 3a—3a = *shang*^{4} *shang*^{3} *shöng* („hoher steigender").
„ 3b—3b = *hia*^{4} *shang*^{3} *shöng* („tiefer steigender").
„ 4a—4a = *shang*^{4} *kü shöng* („hoher fallender Ton").
„ 4b—4b = *hia*^{4} *kü shöng* („tiefer fallender Ton").
„ 5a = *shang*^{4} *zhu shöng* („hoher eingehender Ton").
„ 5b—5b = *dzhung*^{1} *zhu shöng* („mittlerer eingeh. Ton").

F. Die Töne in Canton.

Versuchsperson für Canton war Herr Li, gebürtig aus einem Dorfe bei Canton. Er studierte auf einem Gymnasium in Canton und kam dann nach Hamburg. Er ist sehr sicher und konstant in der Wiedergabe der Töne. Herr Li sprach die Wörter: *ká*^{1a} Familie, *ngá*^{1b} Zahn, *fo*^{2a} Feuer, *ngo*^{2b} ich, *káu*^{3a} lehren, *man*^{3b} fragen, *tak*^{4a} Tugend, *kap*^{4b} Panzer, *lik*^{4c} Kraft.

Den *shang-ping* spricht Herr Li als hohen fallenden Ton, zu Beginn ein wenig ansteigend. Meine Kurve ist der des Herrn Bradley gleich. Eitel (Canton Dictionary) beschreibt den Ton allerdings als ebenen Hochton. Er entspricht bei Herrn Li dem *shangping* von Shanghai.

Den *hia-ping* spricht Herr Li als ebenen Tiefton. Einen *dzhung-ping* kennt er nicht. Sollte letzterer vielleicht identisch sein mit dem *hiaping*, wie Herr Li ihn spricht? Der *hiaping* ist bei Herrn Li der tiefste Ton der ganzen Reihe.

Der *shangshöng* teilt sich in *shang*^{4} *shang*^{3} und *hia*^{4} *shang*^{3} (hoher und tiefer steigender Ton, nicht upper upper und lower upper, wie Herr Bradley irrtümlich meint, sondern upper ascending und lower ascending).

Der *shang*^{4} *shang*^{3} steigt um eine Quint, um dann um eine Terz bis zu einer Quart zu fallen. Wir haben diesen Ton im Deutschen, wenn wir laut Gegenstände der Reihe nach aufzählen. Zählen wir dieselben leise auf, so würde der dabei gebrauchte Ton etwa dem *hiashang* entsprechen. Letzterer setzt auf derselben Höhe ein, steigt aber nicht so hoch und fällt nicht so tief.

Den *shang-kü* nimmt das Ohr als ebenen Ton wahr, obwohl er zu Beginn etwas ansteigt und am Schlusse etwas fällt. Dieser Ton entspricht dem *shangshöng* von Shanghai und Shantung. Etwas tiefer ist der *hia-kü*, der am Schlusse auch um eine Kleinigkeit mehr fällt. Herr Heinitz hört ihn als ebenen Ton.

Beim *zhushöng* haben wir eine Dreiteilung.

Der *shang-zhu* ist ein kurzer, hoher ebener Ton. Die bei der Kurve sichtbare Bewegung nimmt das Ohr nicht wahr. Der *dzhung-zhu* ist um eine kleine Terz tiefer, und außerdem kenntlich durch längeren Vokal (halblang, was in der Kurve auch zum Ausdruck kommt). Um eine Sekunde tiefer ist der *hia-zhu*, der wiederum kurzen Vokal hat. Da er vom *shangzhu* um eine große Terz differiert und vom *dzhungzhu* durch den kürzeren Vokal schon leicht zu unterscheiden ist, ist es nicht schwer, die drei *zhushöng* auseinander zu halten. Schwerer ist es, *hiaping*, *shangkü* und *hiakü* zu unterscheiden. Es gelingt, wenn man sie nacheinander hört. S. Kurvenzeichnung 13, S. 60.

Bemerkungen zu den Aufnahmen des Herrn Bradley.

Die Kurven, die Herr Bradley bei seinen Aufnahmen des Cantondialektes erzielt hat, weichen beträchtlich von den meinigen ab. *shangping* und *shangzhu* sind identisch, das sieht man sofort. Die Kurve des *hiakü* kommt meiner Kurve nahe, die des *hiazhu* allenfalls auch noch. Der *hiashang* zirkumflektiert bei Herrn Bradley unten, nicht oben. Der *shangkü* steigt gar zu viel und ähnelt mehr meinem *hiashang*. Der *dzhungzhu* ist viel zu lang, kommt meinem *shangkü* nahe. Der *hiaping* fällt, statt eben zu sein. Der *dzhungping* ist eben und entspricht meinem *hiaping*. Der *shangshöng* fällt, anstatt zu steigen. Ich muß gestehen, daß diese große Verschiedenheit mir doch auffällt. Ich möchte an folgende Bemerkungen Bradleys erinnern, welche zeigen, daß er seinen Aufnahmen selber nicht recht traut: S. 41: The tone-accents of two Chinese dialects (vol. 1915 der N. Ch. Br. R. A. S.). „It is possible, of course, that the speaker's accent was at fault (das wohl weniger. Br.), or that he did not speak words which properly represent the tones indicated". Das halte ich für wahrscheinlich. Wenn Herr Bradley der Versuchsperson gesagt hat, er möge die 9 resp. 10 Töne sprechen, so war das nicht klug. Ich werde nie zu einem Literaten sagen: „Sprechen Sie mir ein Wort vor, das den *shangping* etc. hat, sondern ich zeige ihm ein Schriftzeichen, von dem ich weiß, daß es den betreffenden Ton hat, und sage zum Literaten: „Wie liest man dieses Zeichen?", dann gibt er mir den richtigen Ton. Ob es ein *pingshöng* oder *dzhei(dzoa)shöng* ist, weiß er meistens; damit hören seine Kenntnisse aber auch gewöhnlich auf. Allenfalls kann er noch angeben, ob es ein *zhushöng* oder *küshöng* ist. Da Herr Bradley kein Chinesisch konnte, war er natürlich auch nicht imstande, der Versuchsperson die Charaktere aufzuschreiben, die er sprechen sollte. Die Hinzuziehung eines europäischen Sinologen wäre sehr ratsam gewesen.

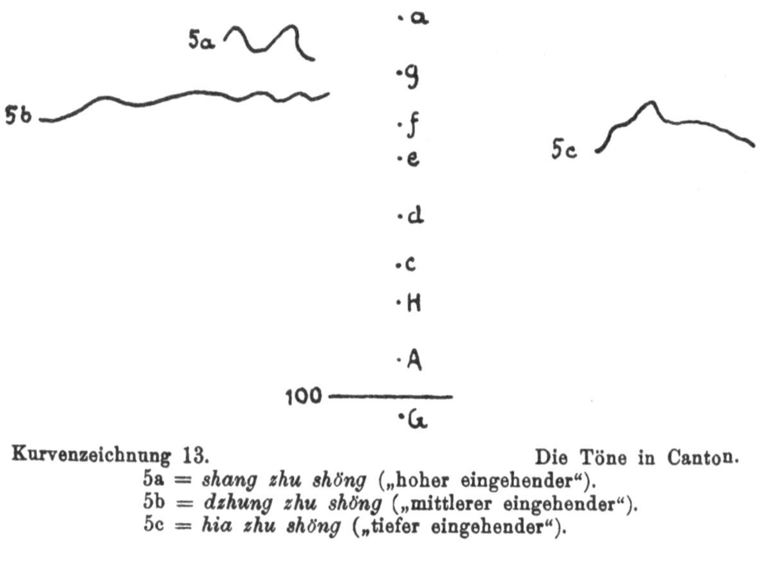

Kurvenzeichnung 13. Die Töne in Canton.
5a = *shang zhu shöng* („hoher eingehender").
5b = *dzhung zhu shöng* („mittlerer eingehender").
5c = *hia zhu shöng* („tiefer eingehender").

Rückblick.

Wir haben im ersten Teile unserer Arbeit, wo über die Laute gehandelt wurde, gesehen, wie außerordentlich einfach, durchsichtig und konsequent die nordchinesische Lautbildung, besonders in Südschantung, ist, wie leicht es ist, sie unter Zuhilfenahme einiger weniger diakritischer Zeichen phonetisch recht genau durch lateinische Buchstaben darzustellen, wie durch einige wenige Ausspracheregeln auch die diakritischen Zeichen überflüssig werden, wie töricht es daher von den Jungchinesen ist, wenn sie bei Einführung einer Buchstabenschrift den gewaltigen, zum Gebrauch fertig vorliegenden lateinischen Typenschatz verschmähen, und statt dessen den Ehrgeiz haben, eine ganz neue Buchstabenschrift einführen zu wollen, die, wenn sie allgemein eingeführt werden sollte, dem ohnehin nicht reichen Lande erhebliche Unkosten verursachen würde. Das Ziel, bezüglich der Buchstabenschrift „den Europäern die Hand zu reichen" *(gi wai gui zhen wo shou)*, wie ein junger Phonetiker sich ausdrückt, würde dadurch sicher nicht erreicht. Wir sahen ferner, daß in Südschantung sowohl wie in andern Dialekten jede Silbe ihren bestimmten Ton hat, der die Bedeutung der Silbe ändert, ähnlich wie bei uns ein anderer Vokal oder Konsonant dem Worte einen anderen Sinn gibt (Hammer, Hummer, tat, tot, bringe, dringe), daß es also äußerst wichtig ist, die Töne zu erlernen, wenn man nicht Gefahr laufen will, immer und immer wieder mißverstanden zu werden. Wir sahen auch, daß die Autoren, welche die Töne durch Noten darzustellen suchen, sich oft beträchtlich irren, besonders bei Tonbewegungen, wo der eine mehr diese Phase, der andere mehr jene Phase wahrnimmt, und daß wir deshalb bei Erforschung der Tonhöhen, wenn wir wirkliche Sicherheit gewinnen wollen, Apparate zu Hilfe nehmen müssen und die Experimentalphonetik nicht entbehren können. Auch die Bedeutung der Apparate für die genaue Fixierung der Laute ist uns klar geworden, als wir sahen, daß Laute wie P in Peking, t in Schantung noch stimmhaft sind, wenn auch in geringerem Maße stimmhaft wie französisches und englisches b und d. Wir haben daraus den Schluß gezogen, daß wir Norddeutsche wenigstens, die wir b usw. nur wenig stimmhaft sprechen, die chinesischen schwach stimmhaften Anlautkonsonanten besser durch b, d, g zur Darstellung bringen.

Schlußwort.

Es war mein Bestreben, meine Darlegungen möglichst klar und präzise zu fassen und alles Überflüssige auszuscheiden, um besonders auch angehende Sinologen einerseits durch die Fülle des Materials nicht abzuschrecken und sie andererseits zu ermuntern, sich mit der schwierigen Materie der chinesischen Phonetik, einschließlich der Tonverhältnisse, mehr wie bisher zu befassen. In wieweit es mir gelungen ist, möge der Leser entscheiden. Wenn man sich mit einer Sache lange beschäftigt hat, ist man leicht geneigt, manches als selbstverständlich vorauszusetzen. Es wird dies nicht selten zu einer Klippe, an der die Klarheit scheitert. Hoffentlich habe ich diese Klippe vermieden.

Den Versuchspersonen, die sich für Aufnahmen im Laboratorium zur Verfügung gestellt, sei an dieser Stelle für ihr freundliches Entgegenkommen herzlich gedankt. Herr Li aus Canton, Herr Tshen aus Amoy, Herr Ku aus Shanghai und Herr Tsiu aus der Nähe von Fudzhou haben mir manches Stündchen geopfert. Herr Lu aus Peking ist eigens aus Kiel, Herr Kao aus Shantung eigens aus Berlin herübergekommen, nachdem ich sie unter beträchtlichen Schwierigkeiten ausfindig gemacht hatte. Auch ihnen sowie Herrn Tsöng aus Sötshuän, der trotz seines kurzen gelegentlichen hiesigen Aufenthaltes noch ein paar Stündchen zu erübrigen wußte, sei vielmals gedankt. Eine Versuchsperson aus Südschantung konnte ich leider nicht ausfindig machen, und so mußte ich denn als Ersatz dienen. Sobald ich jemand aus Südschantung finde, werde ich meine Aufnahmen nachprüfen. Ich glaube jedoch, daß die Tendenz der Kurven dann nicht wesentlich anders ausfallen wird. Höchstens die Längen der Intervalle mögen vielleicht sich als nicht so groß erweisen.

An und für sich wäre es wünschenswert gewesen, daß ich bei den Tonaufnahmen wenigstens ein Dutzend Versuchspersonen für jeden Dialekt zur Verfügung gehabt hätte; doch ich mußte mich, wie man sagt, nach der Decke strecken. Auch aus den vorliegenden Aufnahmen läßt sich vorläufig ein ganz leidliches Bild der chinesischen Tonverhältnisse gewinnen. Es wird durch spätere Aufnahmen Ausbau und Vervollständigung erfahren.

Herrn Prof. Dr. Karlgren (Göteborg) sage ich für wertvolle Winke meinen besten Dank.

Nachträglich erfahre ich, daß auch Herr Dr. Fu Liu in Paris viele Tonaufnahmen des Chinesischen gemacht hat. Daß er in Peking einen 5. Ton *(zhu-shöng)* konstatieren will, ist wohl verfehlt. Den 5. Ton gibt es im Norden nicht mehr. Es ist aber sehr zu begrüßen, daß nunmehr auch die Chinesen selber ihre Sprache phonetisch untersuchen.

Zitierte Werke.

Bradley, The tone-accents of two Chinese dialects. Journal of the North-China Branch of the Royal Asiatic Society. Shanghai 1915.

Conrady, Eine indochinesische Kausativ-Denominativ-Bildung. Leipzig 1896.

Courant, La langue chinoise parlée. Paris 1914.

Dictionnaire chinois-français. Par plusieurs missionnaires du Se-tchouan Méridional. Hongkong 1893.

Deutsch-chinesisches Wörterbuch. Herausgegeben von Mitgliedern der Katholischen Mission Südschantung. Jentschoufu 1916.

Edkins, A Grammar of Colloquial Chinese, as exhibited in the Shanghai Dialect. Shanghai 1853.

Eitel, Chinese dictionary in the Cantonese dialect. Hongkong 1877.

Forke, A comparative study of Northern Chinese dialects (in: China Review 1895).

Hopkins, English translation of „*Kuan hua chih nan*".

Karlgren, Etudes sur la Phonologie chinoise. Leyde et Stockholm 1915. Paris 1916. Paris 1919.

Kao Yüen, Chinese Phonetics (chinesisch geschrieben). Commercial Press. Shanghai 1922.

Mateer, Mandarin Lessons. Shanghai 1892.

Mullie, Phonetische Untersuchungen über die nordpekinesischen Sprachlaute. Anthropos Band 8.

Rousselot, Précis de Prononciation française. Paris 1902.

Wade, A progressive course of Colloquial Chinese. Shanghai 1886.

Wieger, Chinois parlé. Manuel. Hokienfu 1912.

Hesser, Deutsch-chinesische Grammatik. Yentschoufu. (K. M.)

Mullie, Notions élémentaires de phonétique et alphabet général. Changhai 1922 (La presse orientale).

Karlgren, Analytic Dictionary of Chinese. Paris 1923.

Karlgren, Mandarin Phonetic Reader.

NOTENBEILAGE ZU: LAUT UND TON IN SÜDSCHANTUNG.

BEARBEITET VON DR. W. HEINITZ, HAMBURG

*) Ausgangspunkt für die Transposition.

Veröffentlichungen über China und Japan.

Druck von J. J. Augustin in Glückstadt und Hamburg.

FSC
www.fsc.org
MIX
Papier | Fördert gute Waldnutzung
FSC® C083411

Zeitfracht Medien GmbH
Ferdinand-Jühlke-Straße 7
99095 Erfurt, Deutschland
produktsicherheit@kolibri360.de